AF740981

Tous nos ouvrages sont disponibles aux

Éditions Decoopman
Ferrières
30440 Saint-Laurent-le-Minier
Tel : +33 (0)4.67.73.90.95
web : www.decoopman.com
e.mail : livres@decoopman.com

Olivier Lacaux
Jean Castanier

© **Éditions Decoopman**
I.S.B.N. 978-2-36965-200-7
Dépôt légal : 4e trimestre 2024

© La loi du 11 mars 1957 interdit les copies ou reproductions destinées à une utilisation collective. Toute représentation ou reproduction intégrale ou partielle faite par quelque procédé que ce soit sans le consentement de l'auteur ou de ses ayants droit ou ayants cause, est illicite et constitue une contrefaçon sanctionnée par les articles 425 et suivants du Code Pénal.

Ouvrages parus
aux Éditions **Decoopman**
Collection « ***Sciences & Techniques*** »

Auto / Moto

- *Réfection d'un moteur Diesel* - Y. Valleix
- *Schémas électriques* - Y. Valleix
- *Réparation du démarreur Bosch* - Y. Valleix
- *Mise au point d'un moteur essence* - Y. Valleix
- *Anatomie de l'automobile* - F. Carlès
- *Embrayages & Feins* - R. Champly
- *Motocyclettes et side-cars* - M. Zerolo

Chemins de fer

- *La locomotive* - U. Lamalle & F. Legein
- *La machine locomotive* – E. Sauvage
- *Les chemins de fer* – A. Guillemin
- *Locomotive & Chemin de Fer* – L. Figuier

Électricité

- *Des électromoteurs* - T. du Moncel
- *La machine de Gramme* - A. Breguet
- *La bobine Ruhmkorff* - A. Loiseau

Horlogerie

- *Gnomonique* - G. Bigourdan
- *Comptage du Temps* - R. Baierlein
- *Manuel d'horlogerie* - P. Foucher
- *L'horloger à l'établi* - Schulz et Kames
- *Échappements d'horloges* - Ch. Gros
- *Encliquetages* - F. Balavoine
- *Échappements à ancre* - École de Cluses
- *Guide-manuel de l'Horloger* - C. Saunier
- *Histoire de l'Horlogerie* - P. Dubois
- *L'Horloger sonneries* - C. Poncet
- *L'Horloger* - C. Poncet
- *L'art de connaître les montres* - J. Gondy
- *L'art de l'Horlogerie enseigné en trente leçons* - Anonyme
- *Les merveilles de l'Horlogerie* - Graffigny
- *L'horlogerie électrique* - G. Tobler
- *Traité d'horlogerie moderne* - C. Saunier

Hydraulique

- *Traité d'hydraulique* - N. Boquillon
- *Machines destinées à l'élévation des eaux* - A. Morin

Marine

- *La Marine française* - F. Roux
- *Des bateaux aux couleurs de la Gironde* - F. Jouison
- *Abécédaire des forces sous-marines* - P. Nôtre & J. L. Vichot
- *La Marine de guerre* – L. Huard
- *La Marine de guerre – A. Sauvaire-Jourdan*
- *La navigation sous-marine* – G.L. Pesce
- *Les bateaux automobiles à pétrole* - R. Champly
- *Les paquebots à grande vitesse – M. Dumoulin*
- *Les Torpilles* – E. Hennebert
- *Sous-marins & submersibles - Max Laubeuf*
- *L'Artillerie moderne (Le monde industriel)* – L. Huard

Mécanique

- *507 Mouvements mécaniques* – H. Brown
- *760 mouvements mécaniques* - G. Vander Haeghen
- *Appareils d'obturation* - J. Gary et A. Druot
- *Des mécanismes élémentaires* - L.E. Loche
- *Engrenages & Transmissions* – G. Franche
- *Engrenages et vis sans fin* - R. Champly
- *Les Machines* – E. Collignon

Ouvrages parus
aux Éditions **Decoopman**
Collection « ***Sciences & Techniques*** »

Mécanique (suite)

- *Les mouvements mécaniques* - M. Nicaise
- *Mécanismes des machines* - H. Leblanc
- *Notions de technologie mécanique* - P. Beauvais
- *Organes de transmission* - R. Champly
- *Organes de machines* - J. Gary et A. Druot
- *Organes auxiliaires des machines* - R. Champly
- *Traité de mécanique industrielle* - S. Flachat
- *Traité pratique des engrenages* - L. Wève
- *Transmission du mouvement* - J. Gary et A. Druot

Métiers

- *Comment on devient forgeron* - R. Champly
- *Forges et fonderies* - G. Franche
- *La serrurerie* - H. Havard
- *Manuel du luthier* - Maugin & Maigne
- *Histoire de l'imprimerie* - P. Lacroix
- *L'art du luthier* - A. Tolbecque
- *Accordeur de pianos* - G. Huberson

Moteurs

- *Contribution française à l'évolution des moteurs* - M. Seruys
- *Le moteur Diesel d'automobile* - H. Petit
- *Notions sur les moteurs à explosion* - L. Lacoin
- *Le moteur deux temps* - L. Ventou-Duclaux
- *Moteurs d'aviation* - C. Martinot-Lagarde
- *Le moteur sans soupape Knight* - A. Contet
- *Les Moteurs* – H. de Graffigny
- *Les moteurs à vent* - R. Champly
- *Moteurs* - Max de Nansouty
- *Moteurs & Gazogènes* – L. Letombe

Moteurs Stirling

- *D'Asap à Rhombic 160* - D. Lyonnet
- *Fabriquer des moteurs Stirling* - A. Ross
- *Petits moteurs Stirling pour l'amateur* – D. Lyonnet

Vapeur

- *Le Clos Serpollet* - P. Dubarry de Lassalle
- *Catéchisme des Chauffeurs* - Collectif
- *Distribution de la vapeur* - M. Castelnau
- *Distribution de la vapeur* - A. Spineux
- *Gouvernails à vapeur Farcot* – J. Farcot
- *Histoire de la machine à vapeur* – R.H. Thurston
- *L'A.B.C. du Chauffeur* – H. Mathieu
- *Les bateaux à vapeur* – L. Figuier
- *Les Locomobiles* – L. Figuier
- *Les machines à vapeur* - J.P. Delaby
- *La machine à vapeur* – E. Sauvage
- *La Vapeur – A. Guillemin*
- *Tiroirs et distributeurs de vapeur* – A. Madamet

Yves VALLEIX

TECHNOLOGIE d'un MOTEUR 4 TEMPS

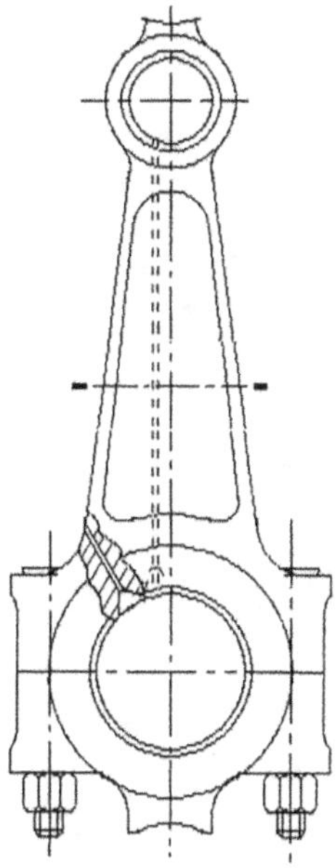

AVANT PROPOS

Formateur pendant trente trois ans à l'AFPA (Agence de la Formation Pour Adultes), au service des *apprenants*, dans les métiers de la réparation automobile et poids lourd, j'ai vécu de près l'évolution de l'automobile.

Bien sûr, la réparation des moteurs a considérablement évolué, notamment avec les courroies de distribution.

Et puis, dans les années 90, l'électronique est apparue, sans aucun appareillage pour la contrôler. Très vite l'industrie s'est adaptée, mettant l'informatique au service de la mécanique, en proposant aux professionnels du secteur des ordinateurs de contrôle appelés « valises » – une révolution...

Malgré ce déferlement de nouveautés technologiques incessantes, la réparation intrinsèque des moteurs thermiques est toujours une question de nettoyage, de jeux de fonctionnement, de contrôle des pièces et de savoir-faire.

C'est justement ce savoir-faire que je souhaite partager dans cet livre. Il couvre la réparation et la technologie des moteurs 4 temps, Diesel et essence.

Disposé sous forme de fiches techniques, cet ouvrage, qui tient plus d'un manuel technique que d'un livre, a été organisé pour permettre à chacun de se repérer très facilement et de suivre pas à pas chaque opération de maintenance, de contrôle et de réparation.

Particulièrement adapté aux étudiants dans les métiers de l'automobile et du poids lourd, ces ouvrages sur la réparation, l'entretien et la réparation d'un moteur intéresseront au premier plan tous ceux qui souhaitent se lancer dans l'apprentissage de la mécanique automobile, mais également les passionnés qui rénovent des véhicules anciens.

Yves VALLEIX

Le moteur et ses accessoires

Le contrôle des pièces

But.

Reconnaître les pièces qui ne peuvent plus assurer un service fiable. Établir la liste des pièces à remplacer pour les commander au magasin. Éviter au moment du remontage un manque de fourniture qui se traduit par une perte de temps et un retard dans la livraison.

Méthode.

Les instruments d'appréciation pour contrôler les différentes pièces sont utilisables par le commun des mortels. Ils sont facilement accessible question porte-monnaie, puisque chacun d'entre nous, normalement constitué, les possèdent. Ce sont la vue, le toucher et parfois l'odorat. Encore faut-il savoir s'en servir. En effet en observant en touchant les pièces il facile de trier en premier celles qui méritent un contrôle plus approfondi et celles qu'il faut remplacer.
J'appelle ce contrôle, le contrôle **VISUEL**.

Reconnaître les pièces qui ne peuvent plus assurer un service fiable. Établir la liste des pièces à remplacer pour les commander au magasin. Éviter au moment du remontage un manque de fourniture qui se traduit par une perte de temps et un retard dans la livraison.
Si après cet examen le doute persiste pour certaines pièces, il est nécessaire d'utiliser des instruments de mesure, règle rectifiée, jeu de cales, pied à coulisse, jauge de profondeur, micromètre (palmer), marbre, vé de contrôle, comparateur, éprouvette.
J'appelle cet examen, le contrôle **MÉTRIQUE**.

Contrôle visuel – Rechercher sur les pièces :

– a) Mobiles.
- Les traces d'usures = rayures
- Les traces de grippage = rayures arrachement de métal.
- Les traces de contrainte = fissures, craquelures.
- Les chocs thermiques = couleur, fissures

Contrôle métrique des pièces

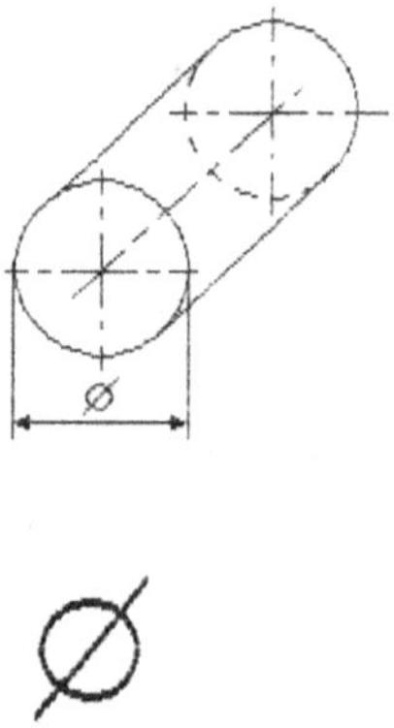

diamètre

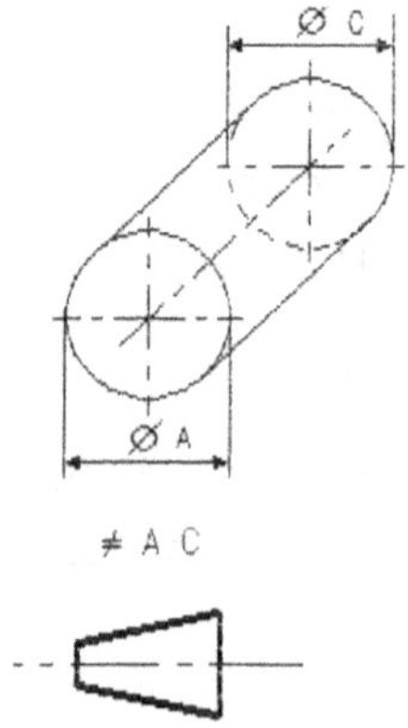

conicité

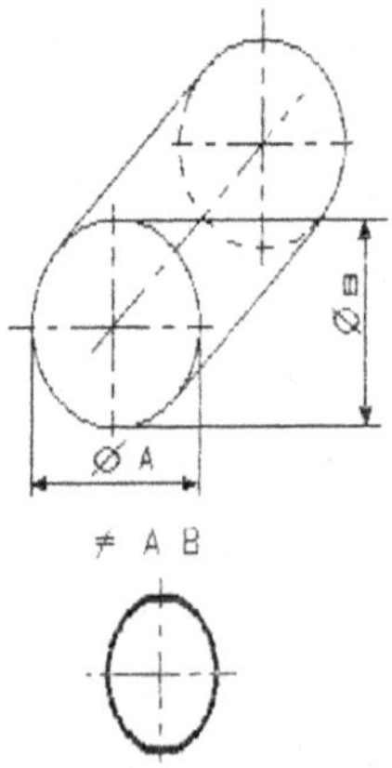

ovalisation

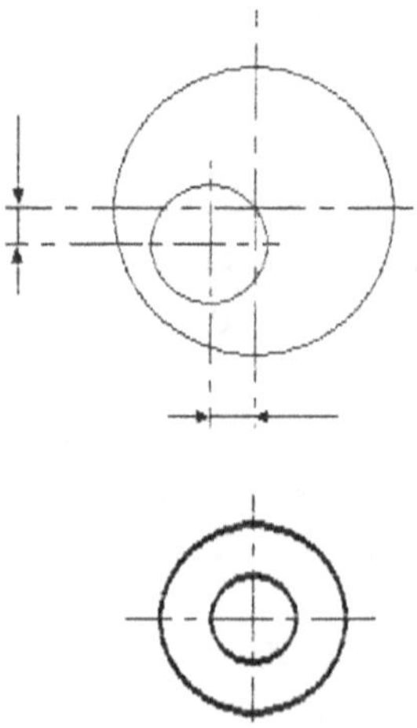

concentricité

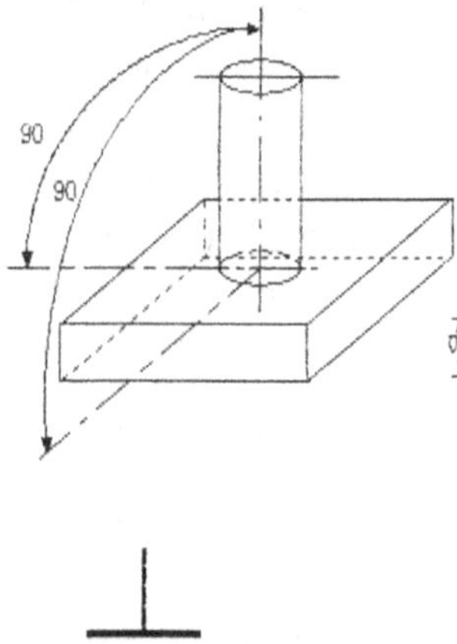

perpendicularité

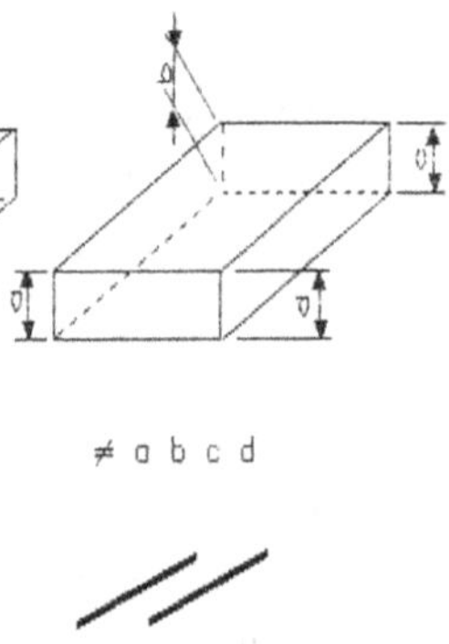

parallélisme

- b) Assemblées et fixes.
  - Les traces d'oxydation = point de rouille.
  - Les traces de contraintes mécaniques = fentes.
- c) Les taraudages et les vis.
  - L'état des filetages.

Contrôle métrique – Vérifier :

- Le diamètre, la conicité, l'ovalisation, la coaxialité, la perpendicularité, le parallélisme.
- Les épaisseurs, les longueurs, les diamètres intérieurs et extérieurs,
- Les volumes.

Les vis

Rôle.

Permettre un assemblage temporaire de deux ou plusieurs pièces.
Permettre le démontage de ces pièces sans altérer leurs formes et leurs qualités mécaniques.

Qualité d'une vis.

Résistance limite élastique (Re) : La résistance élastique d'une vis est sa propriété après un allongement de revenir à sa longueur initiale. Si après cet effort la vis est plus longue c'est que sa limite élastique à été dépassée.

Résistance à la rupture (R) : La résistance à l'allongement d'une vis est sa propriété à s'allonger sans une augmentation importante de l'effort de traction qu'elle subit. Passé cette limite la vis continue de s'allonger jusqu'à la rupture malgré une diminution de l'effort de traction.

Caractéristique d'une vis.

- Les dimensions de la tête sont normalisées en fonction du diamètre nominal de la vis.
- Le pas du filetage est normalisé en fonction du diamètre de la vis.
- Le pas est égal au déplacement longitudinal de la vis dans son écrou pour un tour de celle-ci.
- Le pas est généralement indiqué en 1/100 de millimètre.
- Ex. M10 x 150 : M pas métrique, 10 = diamètre nominal, 150 = pas de la vis en 1/100 de millimètre.
- En Europe les pas au système métrique sont indiqués par la lettre M.
- Aux U.S.A. les pas sont indiqués en nombre de filets au pouce.
- Le diamètre nominal est égal au diamètre de la vis.
- Pour les vis H (Hexagonale), Q (Carré), Chc (Cylindrique hexagonale creuse) la longueur de la vis est prise sous la tête à l'extrémité de la vis.

Qualité de l'acier

Cette qualité de l'acier dont est faite la vis est indiquée par deux nombres qui permettent de calculer en daN. ex x.y
La résistance à la rupture R = x x 10.
La limite d'élasticité – Re = R x (y/10).

Exemple.

Vis HM 10 x 150 - 6.8
Calcul du noyau = ((Ø de la vis – le pas)/2)^2 x τ ;

$$((10 - 1{,}50)/2)^2 \times \pi = 56 \text{ mm}^2$$

R = 6 x 10 x 56 = 3360 daN.

Re = 3360 x 0.8 = 2688 daN

La résistance au cisaillement est à peu près équivalente à la moitié de la résistance mécanique.

Rcz = R/2 = 3360 / 2 = 1680 daN.

Tableau des vis

Diamètre	Pas	Clé	Longueur		
			Mini	Maxi	Filetée
4	70	7	16	40	14
5	80	8	18	50	16
6	100	10	20	60	18
8	125	13	25	65	22
10	150	(17) 16	30	130	26
12	150	(19) 18	35	180	30 – 36
(14)	(175) 200	(21) 22	40	220	34 - 40
16	200	24	45	200	38 – 44
20	250	30	50	200	42 – 48

Vis filetée sous tête.

Normalisation : HM diamètre x Pas T qualité.

Qualité des vis.

6.8 - 8.8 - 10.9 - 12.9

Couple de serrage.

Indicatifs pour boulonnerie métrique en N.m - Norme 01 50 4002

Ø et pas en centième de mm des vis et écrous	Classe de qualité 8.8 Classe de serrage III (±20 %)	Classe de qualité 10.9 Classe de serrage III (±20 %)
6 x 100	7,4	10,8
7 x 100	12,1	17,8
8 x 100	19,2	28,2
8 x 125	17,9	26,3
10 x 100	39,4	58
10 x 125	37,4	55

Ø et pas en centième de mm des vis et écrous	Classe de qualité 8.8 Classe de serrage III (±20 %)	Classe de qualité 10.9 Classe de serrage III (±20 %)
10 x 15	35,4	52
12 x 125	67	98
12 x 150	64	94
12 x 175	61	90
14 x 150	105	155
14 x 200	98	143
16 x 150	161	237
16 x 200	151	222
18 x 150	235	346
18 x 250	210	308
20 x 150	328	481
20 x 250	296	435
22 x 150	444	652
22 x 250	406	596

TESLA : L'entreprise rappelle 15.000 véhicules de sa Model X à cause de défauts de boulons

DÉFAILLANCE : Une corrosion excessive a été constatée sur les boulons servant à fixer une des pièces du système de direction assistée des Model X

20 Minutes avec agence

Publié le 14/02/20 à 14 h 36 — Mis à jour le 14/02/20 à 14 h 36

Tesla a *récemment procédé au rappel de 15.000 de ses Model X aux États-Unis et au Canada. Les véhicules concernés sont ceux qui ont été fabriqués avant octobre 2016, précise le constructeur dans un email adressé aux clients concernés, que s'est procuré le site spécialisé Electrek. La marque évoque « un rappel volontaire » et explique agir « de manière préventive ». Une pièce du système de direction assistée est à l'origine du rappel.*

Le géant de l'automobile électrique dit souhaiter améliorer ce composant tout en précisant qu'il n'est à l'origine d'aucun accident ou collision. Un phénomène de corrosion excessif a cependant été observé sur les boulons utilisés pour fixer cette pièce. « Si la rouille entraînait la rupture des boulons, le conducteur pourrait perdre la direction assistée », écrit Tesla. Un tel incident n'empêcherait pas l'automobiliste de tourner le volant mais le mouvement serait bien plus difficile à effectuer, particulièrement lors des manœuvres à faible vitesse.

Tous les frais pris en charge par l'entreprise.

Le constructeur effectuera le remplacement des boulons gratuitement. Il explique également que pour réparer les pièces concernées, un produit antirouille sera également appliqué. L'entreprise s'engage a remplacer l'intégralité du système de direction assistée si nécessaire. Les propriétaires des véhicules faisant l'objet de ces mesures seront contactés afin de convenir d'un rendez-vous, au fur et à mesure que les pièces de rechange seront disponibles dans chaque région, explique Tesla.

En 2018, la marque automobile avait déjà rappelé 123.000 exemplaires de sa Model S pour les mêmes raisons. L'ensemble des véhicules de la gamme sortis des usines avant avril 2016 étaient alors visés.

Lien utile.

- **http://www.bafa-sa.com**

Les joints en papier

Rôle.

Ils assurent l'étanchéité entre deux pièces statiques usinées avec précision. Ils peuvent éventuellement régler par leur épaisseur les positions des pièces.
Ex. pompe à eau

Matière.

L'emploi de papier indéchirable de type "Volumoïde" est préférable à celui d'un papier classique.
Ce papier existe en plusieurs épaisseurs calibrées. Il se peut qu'avec le temps ce papier devienne cassant. Il suffit de le tremper quelques minutes dans l'eau bouillante.

Confection d'un joint papier.

Pour des pièces aluminium.

- Enduire la surface de contact d'une fine pellicule de graisse.
- Appuyer fortement la pièce sur le joint disposé sur une surface plane.
- Découper les trous à l'aide d'un emporte-pièce ; travailler sur une plaque d'aluminium.
- Avec des ciseaux découper d'abord l'intérieur puis l'extérieur.

Pour des pièces en fonte ou en acier.

- À l'aide de ciseau faire un pré découpage large.
- Avec une bille en acier nettement plus grosse que le diamètre des trous, percer deux trous. Positionner deux vis qui maintiendront la feuille de papier.
- Percer de la même façon les autres trous.
- Avec un cylindre ou avec le dos d'une clef à pipe découper en tapotant l'intérieur du joint jusqu'au découpage.
- Faire de même pour l'extérieur.

Les joints aux silicones.

Aujourd'hui il est possible de supprimer les joints en papier par une fine couche de silicone qui résiste à l'huile et aux températures (- 40 + 250) A condition que l'épaisseur du joint ne joue pas un rôle dans le positionnement des pièces. Ex carter de boîte de vitesses, cache culbuteurs, carter moteur.

Le joint de culasse

Rôle.

Assurer l'étanchéité des cylindres, du plan joint du bloc moteur et de la culasse entre les conduits d'huile et du circuit de refroidissement.

Qualités.

Souplesse. Le joint doit être suffisamment souple pour épouser les défauts de planéité des plans de joint du bloc moteur et de la culasse. Il doit résister au cisaillement du à la dilatation différente du bloc moteur en fonte et de la culasse en aluminium.

Résistance à l'écrasement. Le joint doit avoir une résistance à l'écrasement suffisante pour éviter un desserrage de la culasse donc une perte d'étanchéité.

Résistance aux chocs thermiques. Le joint de culasse doit résister à des températures élevées des cylindres et aux chocs thermiques, démarrage à froid et température de fonctionnement.

Résistance chimique. Le joint de culasse doit résister aux gaz d'admission, aux gaz d'échappement, aux huiles, aux carburants, aux antigels.

Composition.

Le joint de culasse est une pièce intégrante du moteur. L'étude d'un joint nécessite beaucoup de recherche, d'essais, notamment sur les moteurs actuels de plus en plus performants et de plus en plus puissants pour une même cylindrée. Ce sont des joints composites qui équipent les moteurs. Ils contiennent une trame en acier, des polycarbonates, des résines synthétiques et des adhésifs. Sur certains moteurs diesels sur compressés le joint de culasse est composé de plusieurs feuilles d'inox.

Forme.

Le joint de culasse épouse les contours du bloc moteur et de la culasse. Pour obtenir le volume idéal de la chambre de combustion pour le fonctionnement optimal du moteur, il peut exister plusieurs épaisseurs de joint de culasse. Ce procédé est utilisé sur les moteurs diesels d'une cylindrée unitaire plus petite que 750 cm^3.

Montage.

Pour connaître l'épaisseur du joint de culasse, il faut consulter la notice du constructeur et mesurer l'affleurement du piston avec le plan de joint du bloc moteur.
Le sens de montage est indiqué par l'inscription "TOP". La face ainsi repérée doit se monter contre le plan de joint de la culasse.
Les joints de culasse recouverts d'adhésif doivent être montés sur des surfaces dégraissées à l'acétone.
Pour une meilleure étanchéité en cas de doute sur la planéité du plan de joint du bloc moteur, il est possible de réaliser des cordons de "Loctite 510®" autour des cylindres et des passages de liquide de refroidissement et d'huile.

Dépannage.

Sur les moteurs à soupapes latérales où il est difficile de trouver des joints de culasse, il est possible d'en confectionner dans du plomb qu'utilisent les couvreurs. Il suffit de retailler un joint équivalent à l'ancien.
Monter ce joint à l'huile de lin et resserrer la culasse à chaud.

Lien utile :

- **http://www.glaser.es/fra/glaser_index.php**

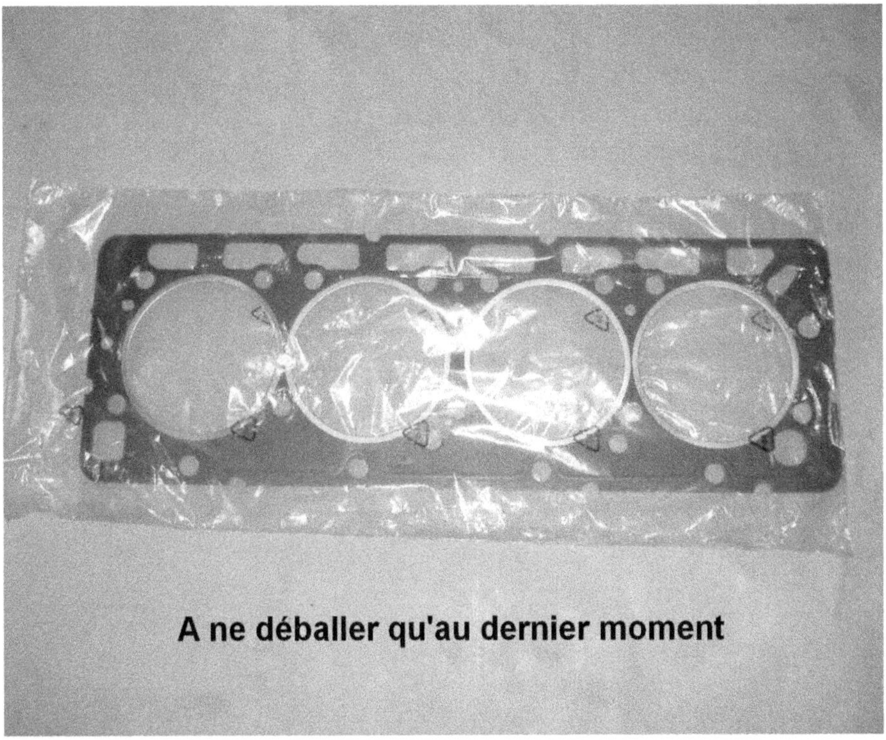

Joint de culasse

Les joints de queue de soupape

Rôle.

Empêcher l'introduction d'huile dans les chambres de combustion due au jeu de la soupape dans le guide.

Matière.

- Caoutchouc, téflon, Viton
- Formes voir figures.

Montage.

Pour les joints " Perfect Circle® " voir figures

Attention.

Comme tous les joints, ils doivent être remplacés à chaque dépose.

Sur des moteurs récents l'échange des joints de queue de soupape n'est pas possible. Il faut changer la culasse.

Lien utile.

- **http://www.glaser.es/fra/glaser_index.php**

Les joints de queue de soupape

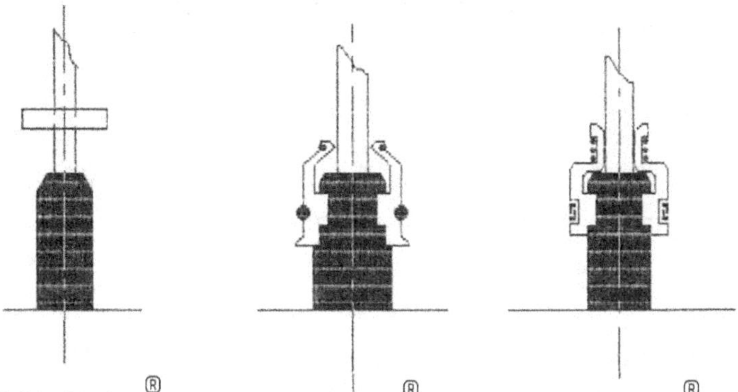

Rondelle Néoprène® — Joint Reinz® — Joint Téflon® Perfect Circle®

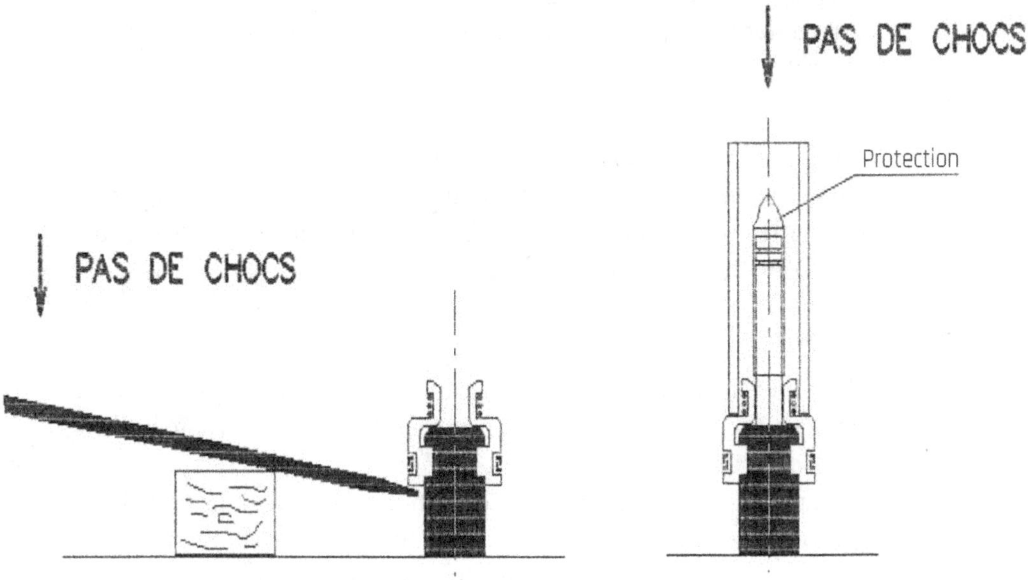

Dépose — Pose

À chaque dépose de ces joints, échange obligatoire.

Sur certains moteurs, la consommation d'huile est réduite uniquement par l'échange des joints de queue de soupape.

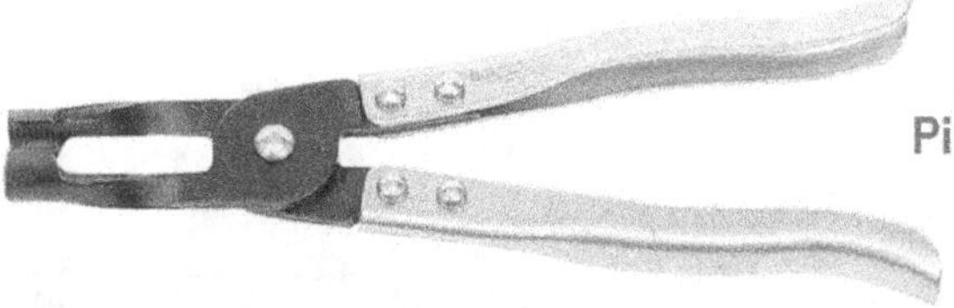

Pince Facom

Les bagues d'étanchéité

Rôle

Assurer l'étanchéité entre une pièce fixe et une pièce mobile.
Ex. : entre le vilebrequin et le bloc moteur.

Formes.

Certaines bagues ont une micro-turbine moulée sur lèvre. Respecter le sens de rotation de la bague pour une étanchéité maximale.

Attention

- **Les joints en silicone sont très fragiles. Vérifier avant montage, à la loupe si les lèvres ne sont pas déchirées.**
- **Vérifier si en bas du joint, dans le carter, s'il existe un canal pour l'évacuation de l'huile.**

Dépose.

- Utiliser un levier, un arrache à inertie.
- En cas de difficulté sur un moteur en place, percer deux trous opposés de quatre millimètres, avec des vis à tôle et une pince, extraire la bague.
- Attention de ne pas rayer l'arbre.

Montage.

- Pour que la bague soit efficace, il faut la graisser abondamment avec de la graisse graphitée type 'Molykote ®'. Ne pas hésiter à remplir le joint de graisse.
- Il est préférable d'usiner au tour des mandrins de pose et des manchons plutôt que de massacrer la bague avec un jet plus ou moins propre et arracher les lèvres en l'accrochant sur les bords de l'arbre.
- Une bague déformée n'assure plus l'étanchéité.

Attention.

- **Avant montage vérifier que l'arbre soit absent de rayures.**
- **Comme tous les joints, les bagues doivent être changées à chaque dépose.**
- **Sur des moteurs récents il faut monter les joints à sec. De plus ces joints se rétractent avec la chaleur. Ne les sortir de leur emballage qu'au dernier moment.**

Les pâtes à joint.

Rôle.

Assure l'étanchéité entre le joint et la pièce ou entre deux pièces.

Qualité.

- La pâte ne doit pas se dissoudre ou se liquéfier au contact des fluides qu'elle est amenée à contenir.
- Elle doit garder ses caractéristiques dans les limites des températures d'utilisation. Pour un moteur – 40°C +250°C.
- Elle ne doit pas attaquer les métaux qu'elle recouvre.
- Et si possible elle doit-être facilement nettoyée avec un solvant.

Important.

. **Ne jamais gratter avec un objet métallique ou de la toile émeri les portées de joint d'une pièce en aluminium.**
. **La précision d'usinage de ces pièces a permis la suppression des joints en papier. Gratter les plans de joint provoque un enlèvement de matière qui détruit la qualité d'usinage de la pièce.**

Possibilité.

- Les fournisseurs vendent des aérosols qui dégradent les joints et la colle.
- À défaut il est possible d'utiliser du *décap-four*® ou un décapeur thermique.

Remarque.

Les pâtes au silicone ont marqué un très net progrès dans ce domaine.
Les constructeurs emploient en première monte des pâtes de couleur différentes à celles utilisées en réparation.
L'étanchéité des organes mécaniques est un sérieux problème que les constructeurs tentent quotidiennement de résoudre.
Consulter les concessionnaires pour l'acquisition de ce genre de produit.
Moins onéreux, il est possible de se procurer des cartouches de silicone chez les fournisseurs industriels (roulement, chaîne, pignons, pneumatique, hydraulique) autre que les fournisseurs de pièces automobiles.
Consulter le catalogue de :
'Loctite®' 60304 Senlis tél. 03 04 21 66 00
Wurth : http://www.wurth.fr/fr/wurth-france/produits/vehicules_pl/produits_pl/produits_chimiques_3/PL_-_produits_chimiques.html

Les axes de culbuteurs

Rôle.

Assurer le support aux culbuteurs et leur positionnement.
Amener l'huile de graissage aux culbuteurs.

Matière.

Acier allié au chrome.

Forme.

Axe cylindrique creux.

Contrôle.

Visuel.

- Rayures,
- Fentes.

Métrique.

- Sur marbre, vérifier la flèche.
- Jeux avec les culbuteurs.

Attention.

- **Une dépose sans précautions peut tordre cet axe.**
- **Les orifices de graissage peuvent avoir une position bien déterminée.**
- **Certains axes possèdent un filtre à huile qu'il faut nettoyer régulièrement.**

Les coupelles de soupape

Rôle.

Assure avec les clavettes demi-lune, la liaison soupape ressort.

Matière.

Acier.
Moteur de compétition en titane.

Formes.

Voir figures.
Sur certain moteur les coupelles sont en deux parties

Contrôle

Contrôler l'ensemble soupape, clavette demi-lune et coupelle.

Les clavettes demi-lune

Rôle.

Assure avec les coupelles, la liaison soupape ressort.

Matière.

Acier.

Forme.

Voir figure.

Contrôle.

Visuel.

Montage " Tévés® "

- Avantage.
- Diminue très peu le diamètre de la queue de soupape.
- Diminue le risque de bris de la queue de soupape.
- Inconvénients.
- L'usure des clavettes sur la queue de soupape provoque des bavures qu'il faut obligatoirement supprimer avant de retirer la soupape du guide.
- Remède.
- Meuler les clavettes pour qu'elles serrent sur la queue de la soupape.

Les coupelles et les clavettes

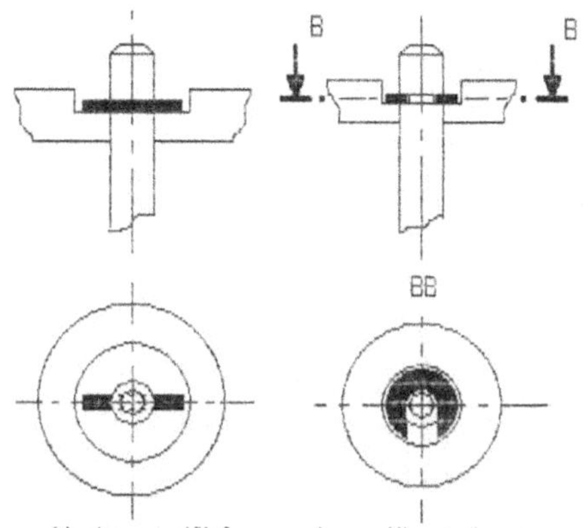

Montages utilisés sur des petits moteurs

Plus utilisé

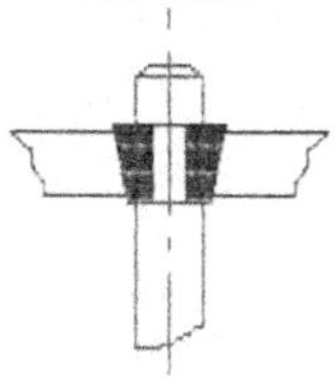

Courant

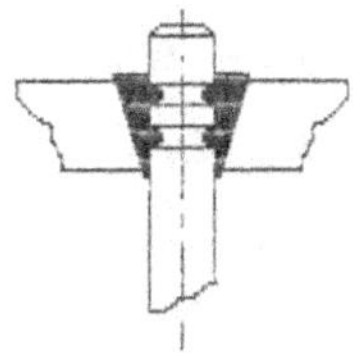

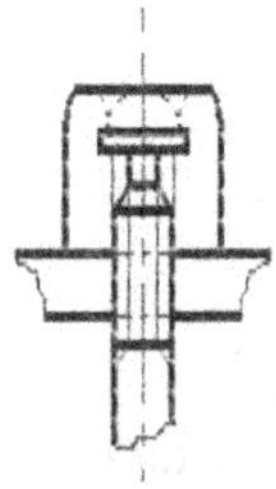

Coupelle vissée sur la queue de soupape avec un contre écrou

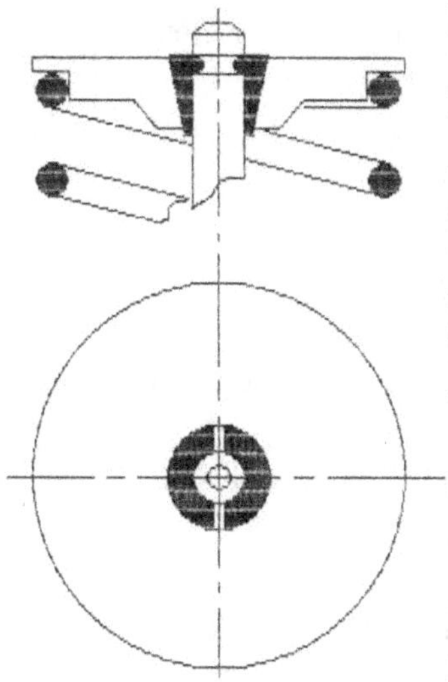

Montage TEVES

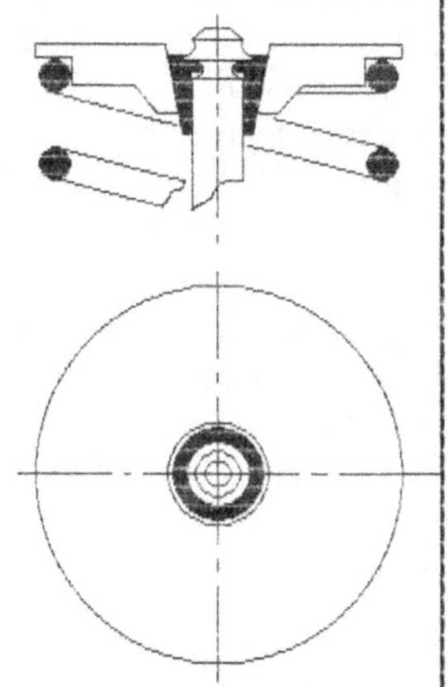

Avant de sortir la soupape du guide TOMBER les bavures sur la queue de soupape

Si la soupape tourne dans le clavetage Meuler les clavettes comme ci-dessus (ATTENTION aux doigts)

La soupape tournera sur son siége, entraineé par le ressort helicoïdal

La culasse

Rôle.

Obturer le haut du cylindre.
Supporter les bougies ou les injecteurs,
Les soupapes, les culbuteurs, l'arbre à cames.

Matière.

Fonte Graphite Sphéroïdal. (Fonte GS)
Alliage d'aluminium.

Forme.

Voir figures.

Contrôle.

- Visuel.
  - Les taraudages, surtout ceux des bougies ou des injecteurs.
  - Les filetages.
  - Le plan de joint de la culasse et celui du cache culbuteurs.
  - Les guides de soupape.
  - Les sièges de soupape.
  - Les paliers de l'arbre à cames (ACT).
  - Les pastilles de déballage.
- Métrique.
  - Hauteur de la culasse avec un pied à coulisse.
  - Planéité du plan de joint de culasse avec une règle rectifiée et un jeu de cales.
  - Étanchéité avec un banc d'épreuve sous 2 bars et 80°C
- Tolérances.
  - Planéité ≤ 2/10000 de la longueur de la culasse en mm.
  - Hauteur : Voir tolérance du constructeur.

Rectification.

- NE JAMAIS RECTIFIER UNE CULASSE À ARBRE À CAMES EN TÊTES.
- Si le plan de joint est voilé, la ligne d'arbre est vrillée.
- Pour les autres culasses, si le voile est supérieur aux tolérances, il est possible de rectifier le plan de joint à condition qu'une fois usinée la hauteur de la culasse ne soit pas hors tolérances.

La culasse

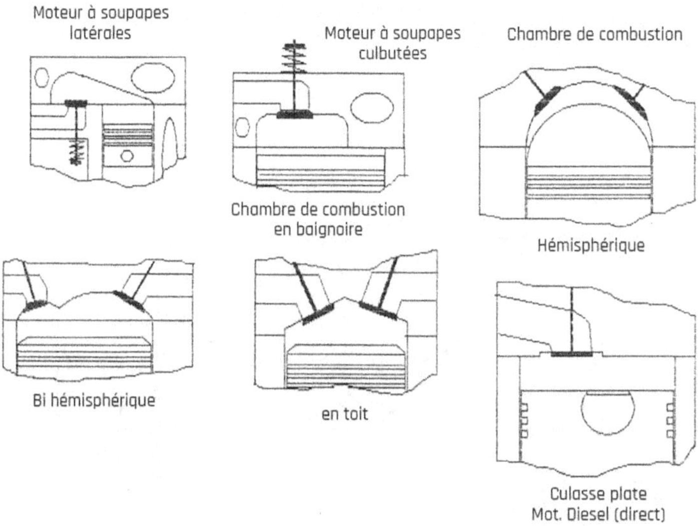

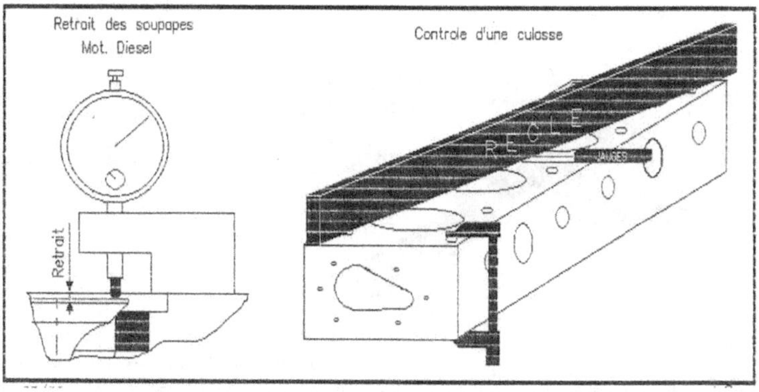

Attention.

- Certains rectifieurs rectifient le plan joint de cache culbuteur avant de rectifier le plan joint de la culasse.
- Mesurer le volume des chambres de combustion.
- Repérer par un R visible les culasses rectifiées.

Important.

. **Les moteurs à injection et allumage électronique ne supportent pas une variation de volume de la chambre de combustion. Certain constructeur prévoient des joints de culasse plus épais pour compenser l'usinage du plan de joint de culasse.**

. **SUR LES MOTEURS DIESEL pour éviter que le piston touche les soupapes et l'injecteur, reprendre le retrait des soupapes et le dépassement des injecteurs.**

La culasse

Contrôle

Axes de vérification du plan de joint de culasse

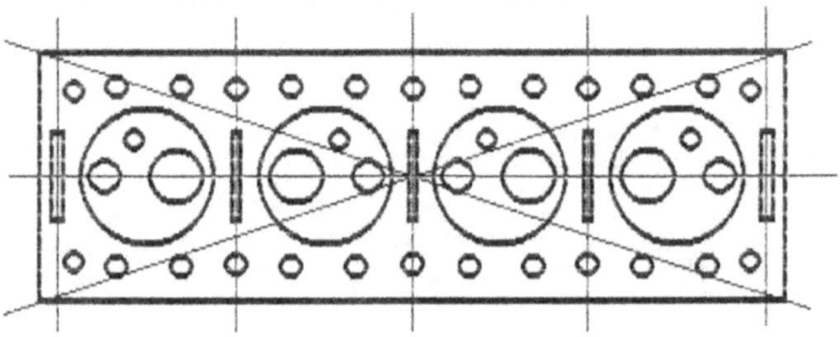

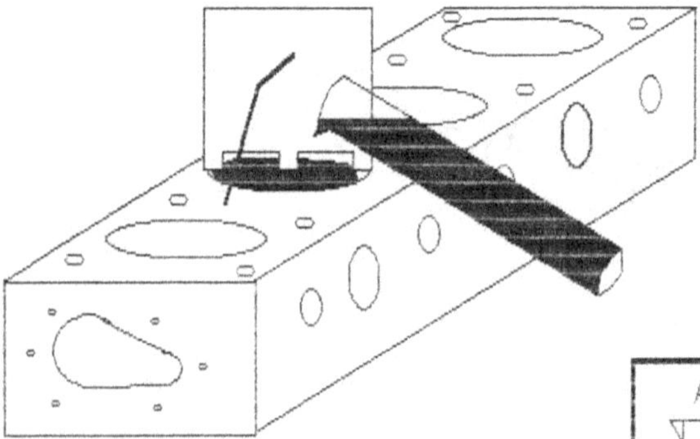

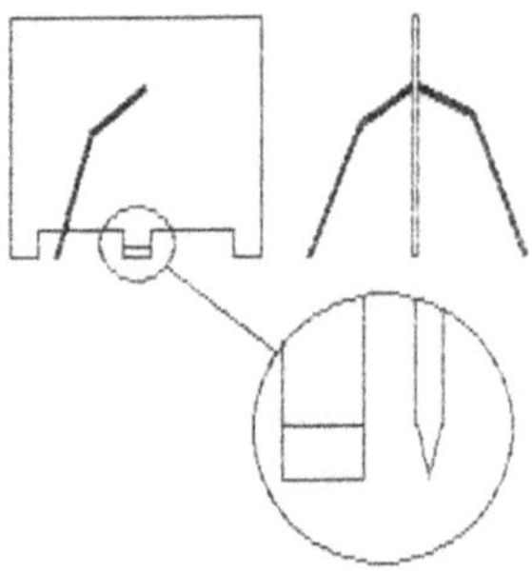

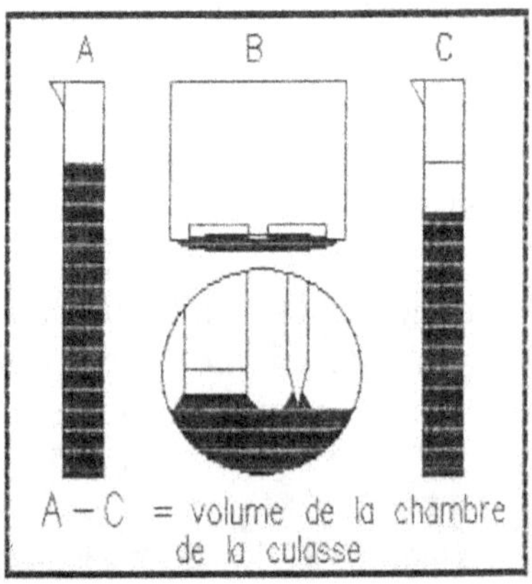

Montage d'une soupape

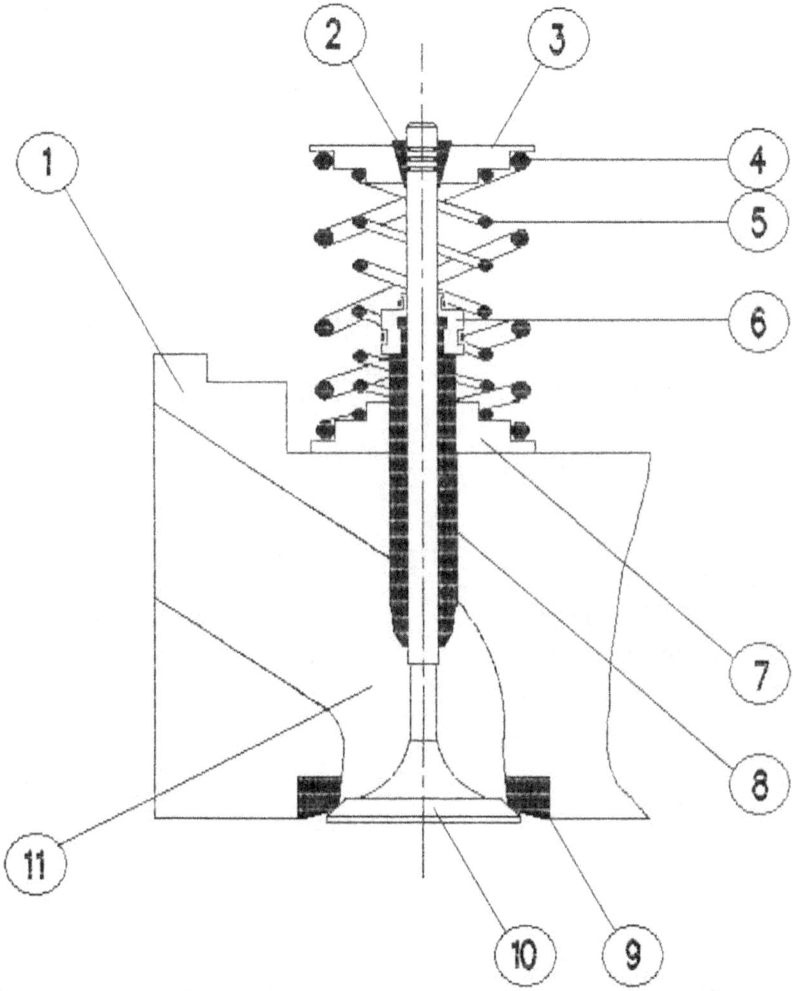

1 - Culasse
2 - Clavette 1/2 lune
3 - Coupelle de ressort
4 - Ressort extérieur
5 - Ressort intérieur
6 - Joint de queue de soupape
7 - Rondelle d'appui
8 - Guide de soupape
9 - Siège de soupape
10 - Soupape
11 - Chapelle

Les culbuteurs

Rôle.

Modifier les sens du mouvement de la tige de culbuteur ou de la came.
Amplifier la levée de came.

Matière.

Acier forgé ou parfois aluminium.
Formes.
Voir figures.

Contrôle.

- Visuel
  - Système de réglage
  - Jeu sur l'axe
  - Tolérance 1/10 mm
  - État du marteau

- Remèdes
  - Tarauder ou échanger
  - Changer la bague
  - Ou changer l'axe.
  - Poncer à la pierre à huile

Les culbuteurs

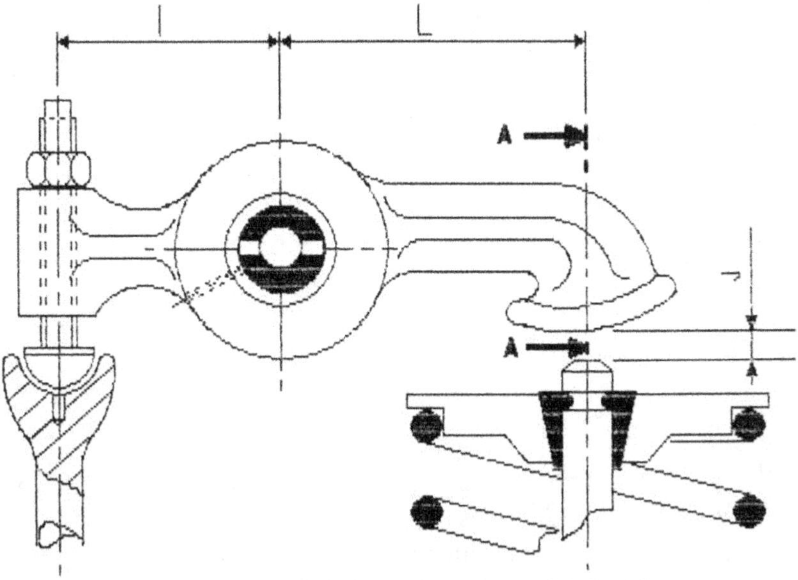

$\frac{L}{l}$ = Rapport de multiplication

J = jeu de fonctionnement des culbuteurs ou des soupapes

Section AA

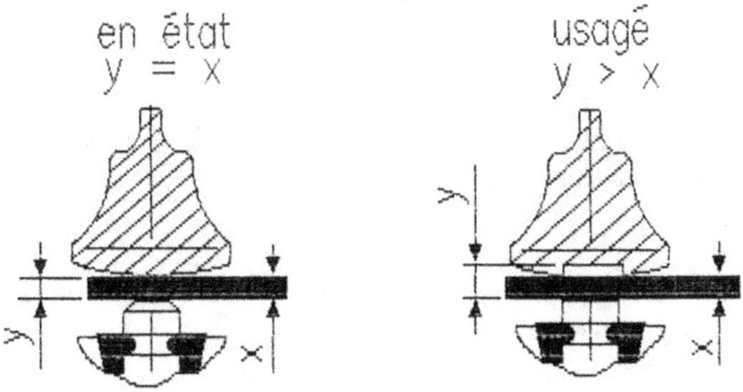

x = jeu de réglage

Y = jeu de fonctionnement

Les guides de soupape

Rôle.

Guider la soupape.

Matière.

Fonte, bronze, laiton.

Forme.

Voir figures.

Contrôle.

· **Visuel**	**Métrique**
· Rayures	Positionnement du guide
· Fentes	Jeu radial.

Contrôle de l'usure du guide.

Avec une soupape neuve, par basculement, méthode Volkswagen
Tolérance.
Jeu maxi de la soupape 1/100 de la longueur de la soupape en millimètre.

Échange.

Avec un jet en acier doux tourné aux dimensions intérieures et extérieures du guide moins 0,1 mm.

Nota.

- Sur certaine culasse les guides sont noyés dans la culasse.
- Rectifier au diamètre extérieur moins le serrage des guides neufs. Poser des guides à emmanchement.

Important.

. **Après l'échange d'un guide de soupape il est obligatoire de rectifier le siège de la soupape.**

Contrôle d'un guide de soupape

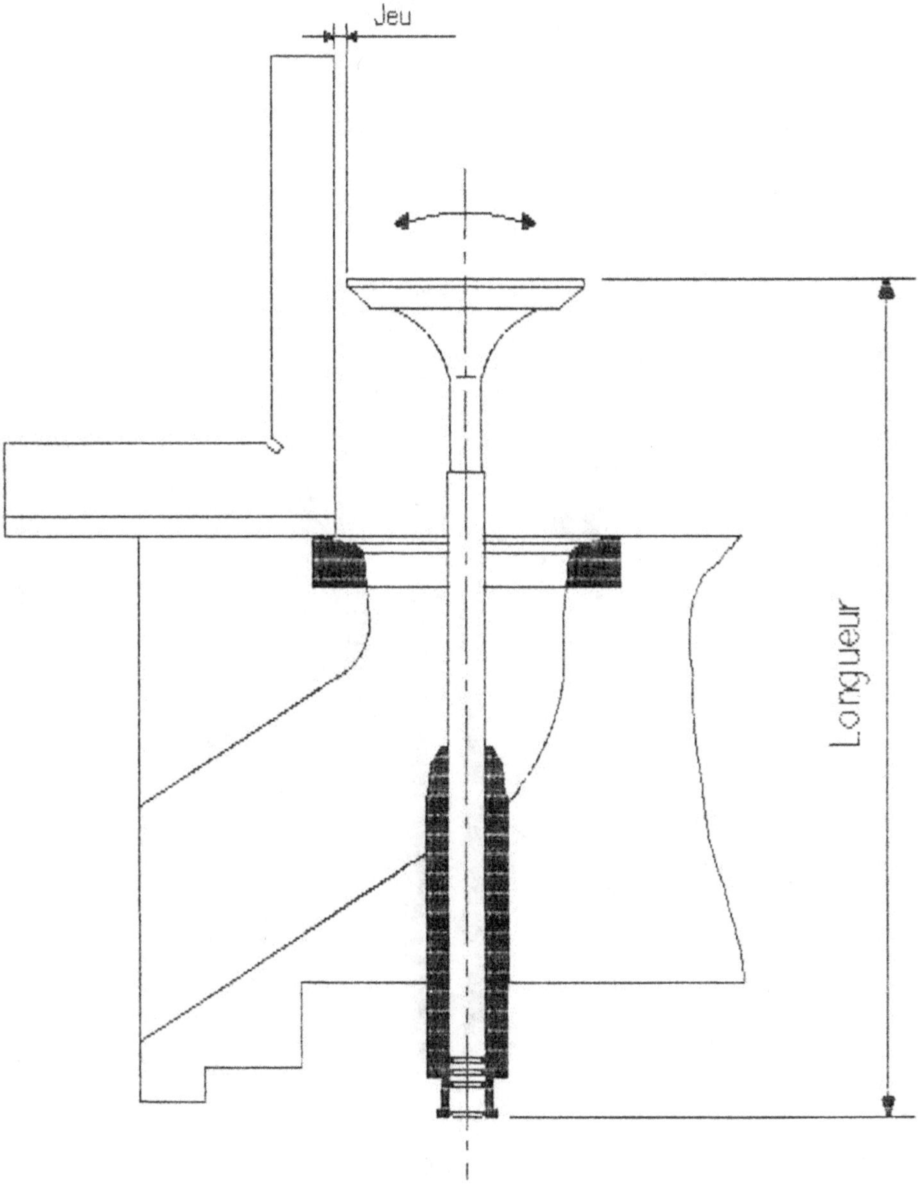

Jeu ⩽ 1/100 de la longueur de la soupape

Avec une soupape neuve

Contrôle d'un guide de soupape

Soupape avec Ø de clavetage < Ø de la queue

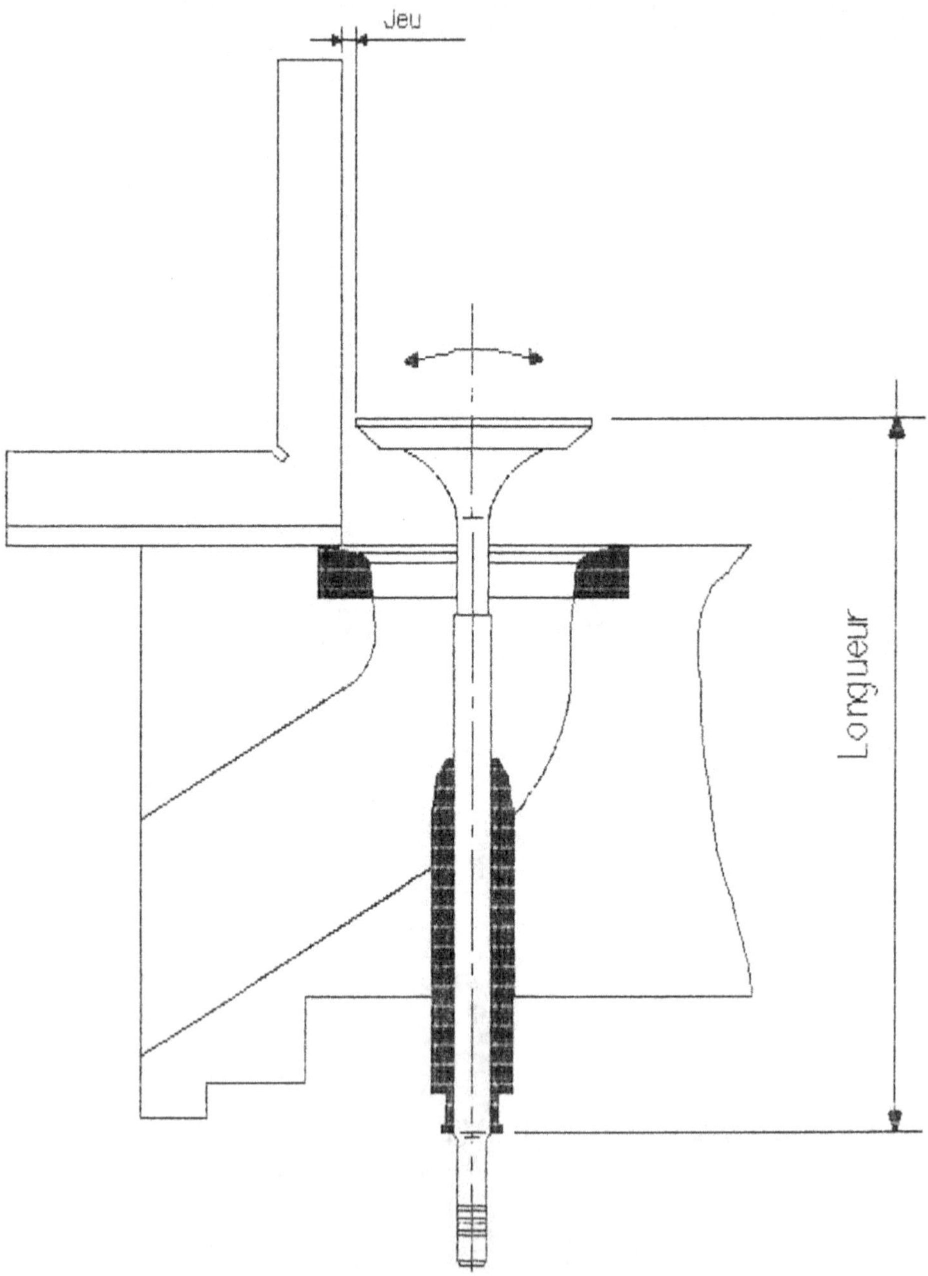

Jeu ⩽ 1/100 de la longueur de la soupape

AVEC UNE SOUPAPE NEUVE

Échange d'un guide de soupape

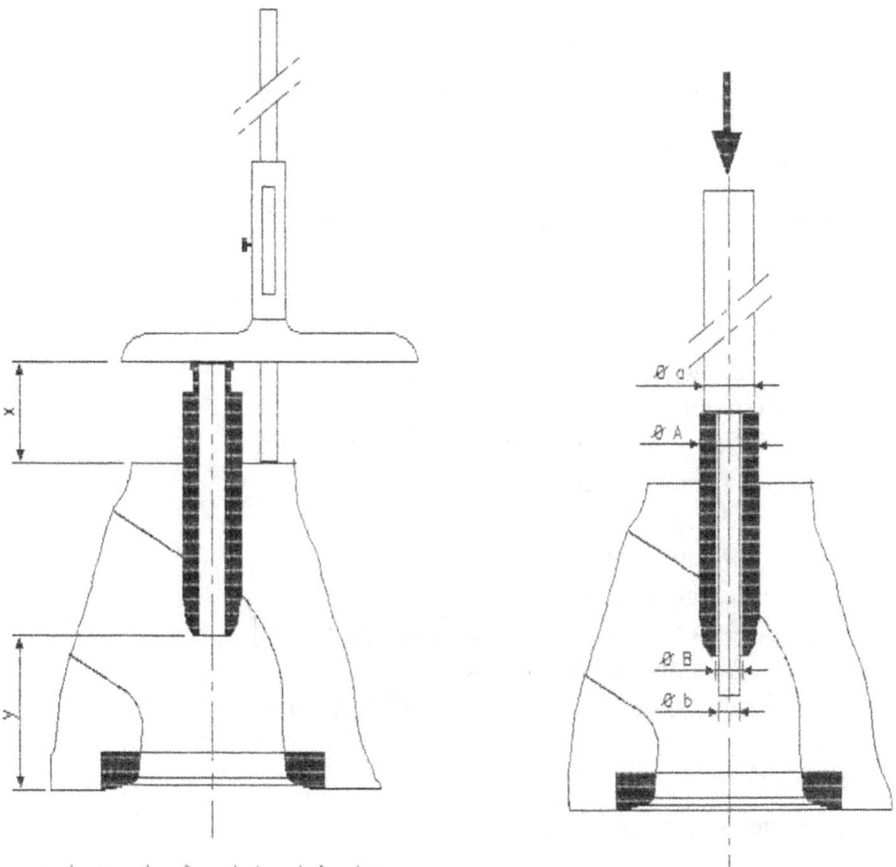

x et y : cotes à controler et à relever avant la dépose du guide.

a = A − 0,2 mm
b = B − 0,2 mm

Après échange du guide,
RECTIFIER le siège de la soupape

Les ressorts de soupape

Rôle.

Ramener et maintenir la soupape en position fermée.

Matière.

Acier allié : XC65f ; XC80 f ; 45S8 ; 38MS5 ; 45SCD6

Contrôle

- **Visuel.**
  - Point de rouille, Bris,
- **Métrique.**
  - Contrôle rapide avec un marbre et une règle.
  - Diamètre intérieur.
  - Diamètre extérieur.
  - Diamètre du fil.
  - Longueur à vide.
  - Équerrage ≠ maxi 4/100 de la longueur à vide.
  - Avec un contrôleur de ressort.
  - Longueur sous charge, voir NT constructeur.

Tolérances

10 % des longueurs pour une charge donnée.

Fonctionnement.

Les ressorts accumulent de l'énergie mécanique et la restituent.

Attention.

- **Les spires jointives des ressorts hélicoïdaux à pas progressif se montent contre la culasse. Un montage inverse entraîne des vibrations à hautes fréquences qui brisent les ressorts.**
  Sur le montage à deux ressorts les pas des ressorts sont inversés pour éviter qu'ils s'emmêlent.
- **Ressort trop dur : usure prématurée de l'arbre à cames.**
- **Ressort trop souple : affolement des soupapes.**

Les ressorts de soupape

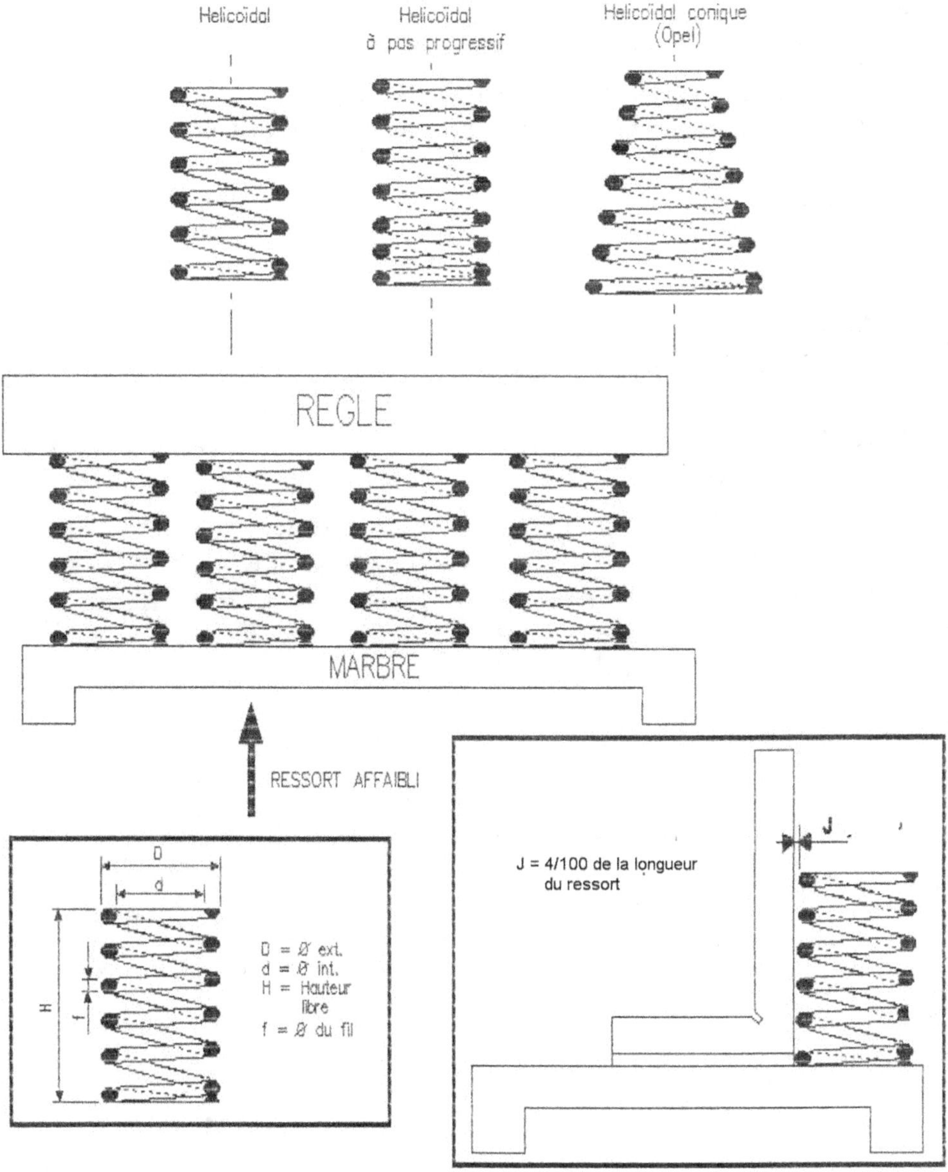

Les rondelles d'appui

Rôle.

Évitent que le ressort de soupape creuse la culasse.
Maintiennent en position les ressorts de soupape.
Pour les soupapes à déflecteur, empêchent celles-ci de tourner.

Matière

Acier.

Formes.

Voir figures.

Contrôles.

Visuel	Métrique
Rayures	Épaisseur
	Diamètre

Les rondelles d'appui

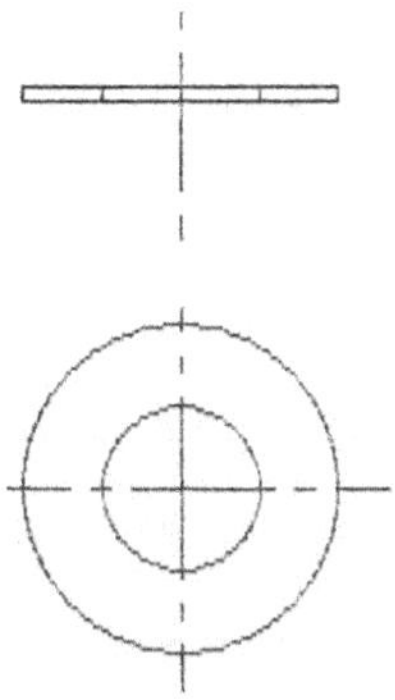

en clinquant
pour ressort simple

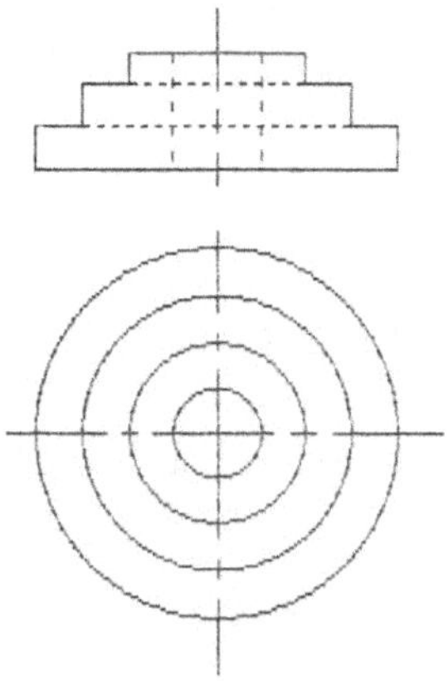

pour ressorts doubles

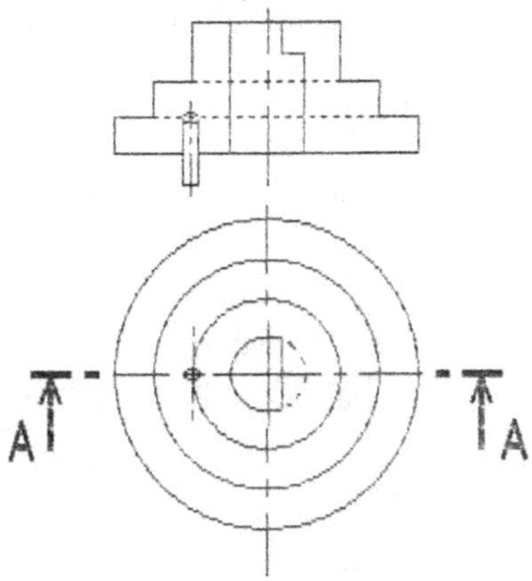

pour soupape à déflecteur
Ex. Someca

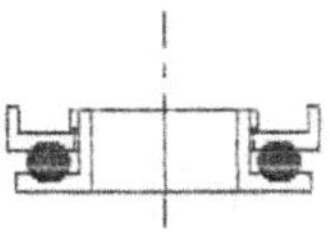

à billes
Opel

Côtes à vérifier

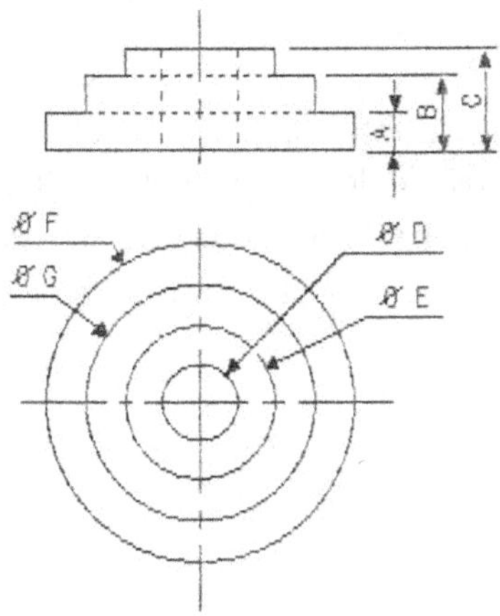

les rondelles d'appui ADM et ECH
peuvent être DIFFERENTES

Les sièges de soupape

Rôle.

Assurent l'étanchéité avec la soupape de la chambre de combustion.
Permettent le refroidissement de la soupape.

Matière.

Acier au chrome ou au nickel.
Fonte alliée.
Pour les culasses en fonte ils peuvent être usinés dans la culasse.
Pour les culasses en alliage d'aluminium, ils sont montés frettés, la culasse est chauffée à 90°C, les sièges sont refroidis à l'azote liquide, moins 196°C.

Formes.

Voir figures.

Contrôles

Visuel.
Vérifier
L'absence de fentes et de piquage sur la portée.

Réparation.

Par rectification à la meule ou à l'outil.
Il est possible de changer des sièges mais leur tenue n'est pas garantie.
Pour les culasses en fonte, une astuce, introduire entre la culasse et le siège du soufre. Avec la chaleur le siège se soudera sur la fonte.

Les sièges de soupape

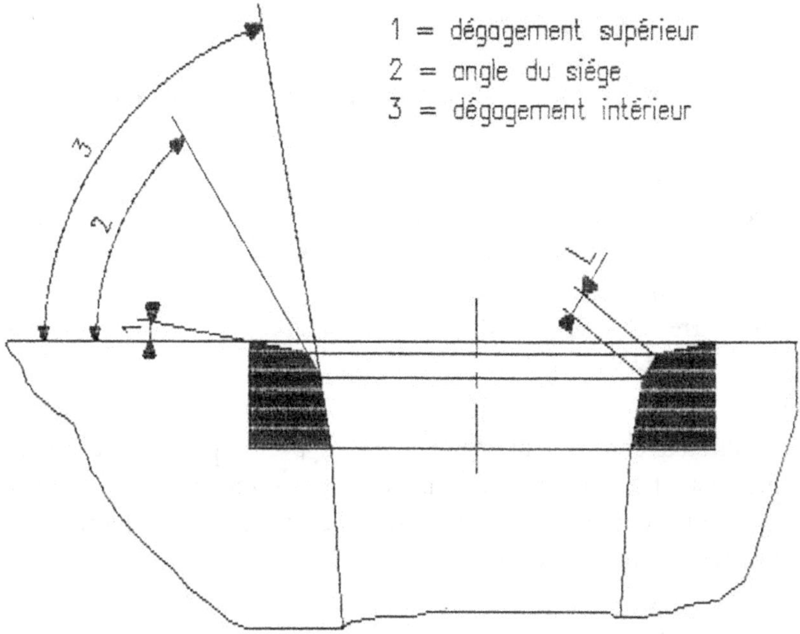

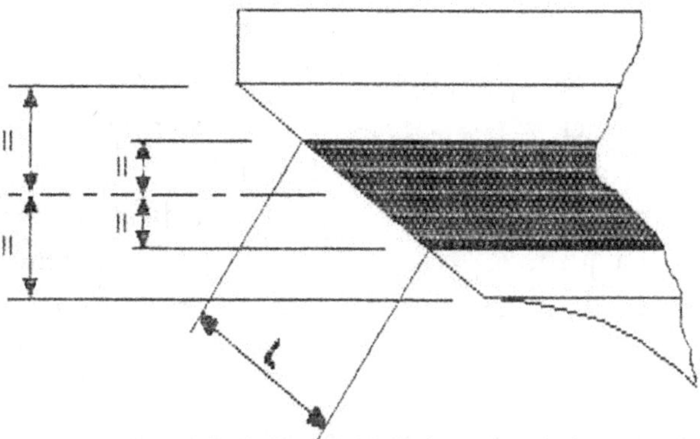

1 = 15 degrés
2 = 46 ou 31 degrés
3 = 75 ou 60 degrés

L = 1 mm pour soup. ADM
= 2 mm pour soup. ECH

La soupape

Rôle.

Ferme et ouvre le passage aux gaz d'admission et d'échappement.

Qualité.

Une soupape doit résister aux hautes températures, aux chocs thermiques, aux vibrations, à la corrosion des gaz, aux pressions qui règnent dans la chambre de combustion.
Elle doit-être fiable dans le temps.

Matière.

Acier allié au chrome, au manganèse. La portée peut-être chargée de stellite. Pour les moteurs suralimentés, essence ou diesel, les queues de soupape sont remplies de sodium (Na). Il est nécessaire de neutraliser ces soupapes avant de les mettre au rebut.

Fabrication.

Par forgeage et usinage.

Contrôles.

Visuel
Vérifier l'état de :
La portée
La queue
Le clavetage

Métrique.
Contrôler :
le diamètre de :
la tête.
la queue
La longueur.
L'angle de la portée.

Important.

- **Dés réception des soupapes neuves, les comparer avec les soupapes usagées.**

Attention.

- **Neutraliser les soupapes au sodium avant la mise au rebut.**
- **Suivre scrupuleusement les consignes, le sodium explose au contact de l'eau.**
- **La rectification est déconseillée pour les soupapes rechargées à la stellite.**
- **Pour les moteurs diesels utiliser des soupapes aux côtes de réparation pour usiner la tête et mettre aux côtes de retrait du constructeur.**

La soupape

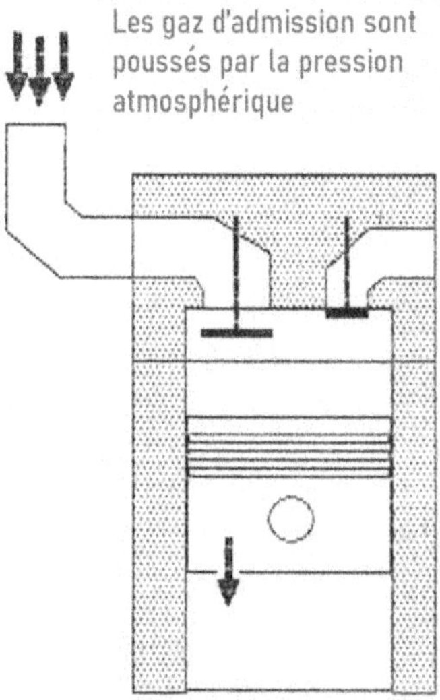

Pour que le remplissage du cylindre soit optimal, la soupape d'ADMISSION est de GRAND DIAMÈTRE.

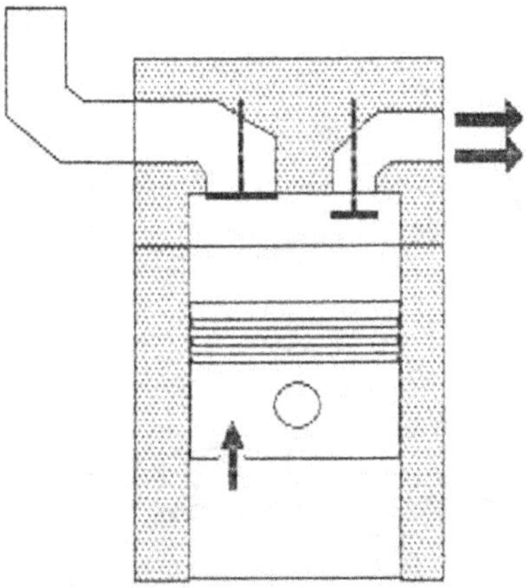

Les gaz d'échappement sont à une pression de 3 bars à 6 bars, le piston les pousse ; la soupape d'ÉCHAPPEMENT est de petit diamètre (elle prend la place restante ; il faut aussi loger la bougie ou l'injecteur.

La soupape

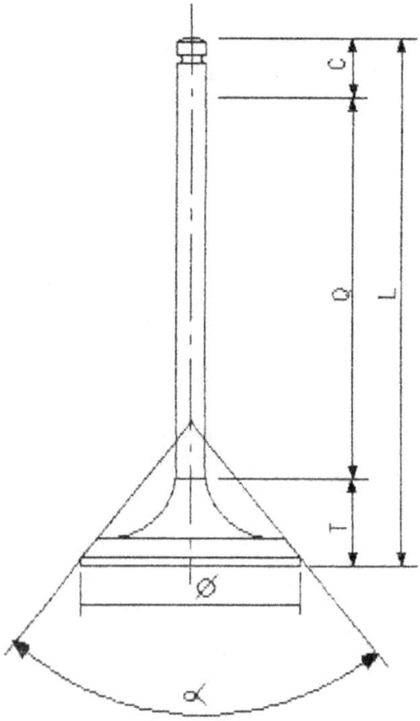

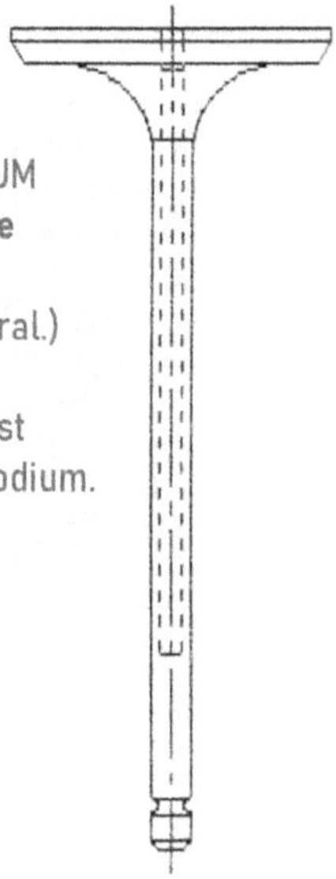

Soupape au SODIUM
Attention à la mise à la ferraille
(Volvo 740-760 sural.)

Le **Natrium** (Na) est l'ancien nom du sodium.

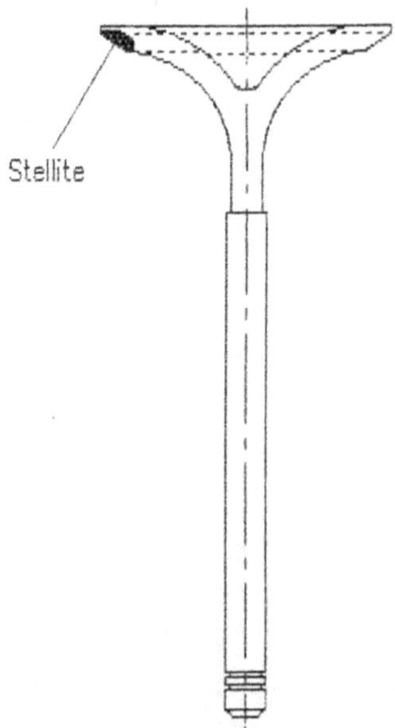

- T = Tete
- Q = Queue
- C = Clavetage
- P = Portée
- L = longueur
- α = Angle de la portée

Mise au rebut des soupapes au Sodium

(Volvo 740-760 sural.)

Le Natrium (Na) est l'ancien nom du Sodium

ATTENTION Le sodium a la particularité de provoquer une violente réaction chimique quand il est en contact avec l'eau. C'est-à-dire que la réaction chimique est une explosion.

NEUTRALISER LES SOUPAPES AVANT LA MISE À LA FERRAILLE

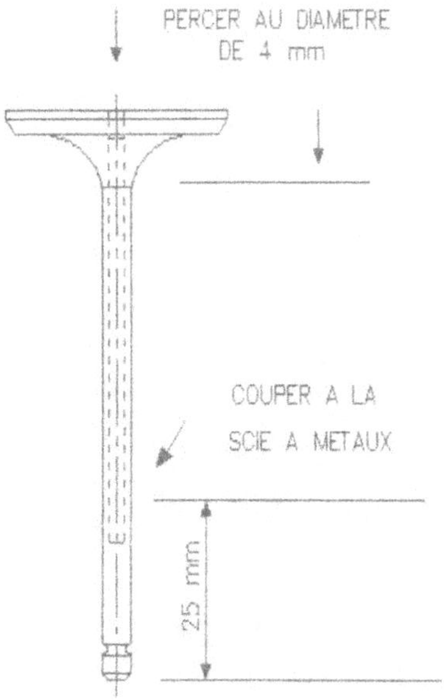

Après avoir percé au diamètre 4 mm la tête et coupé la queue à 25 mm du clavetage, l'opérateur jettera les morceaux dans un seau d'eau. L'explosion est violente, aussi, il prendra la précaution de se situer à 3 mètres du seau et attendra 15 mn avant de vider le seau et de récupérer les morceaux.

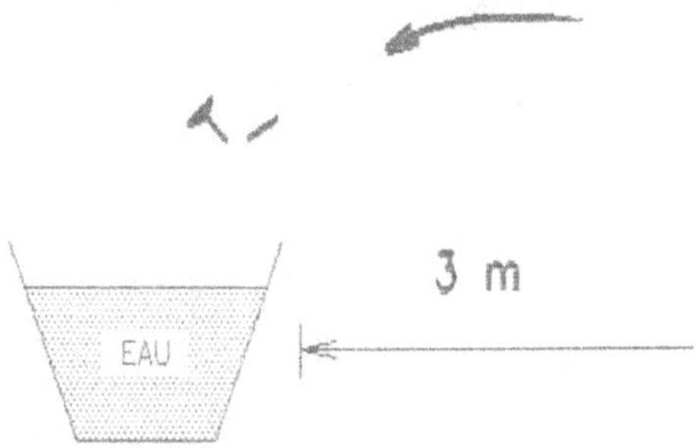

Après ces précautions, il est possible de mettre au tas de ferraille les vieilles soupapes.

Les tiges de culbuteurs

Rôle.

Transmettre le mouvement des poussoirs aux culbuteurs.

Matière.

Acier ou aluminium, plein ou tube.

Formes.

Voir figures.

Contrôle.

Visuel.

État des rotules et des boîtes à rotule.

Avec un marbre.

Vérifier le flambage.

Acier, à redresser.

Tube, à changer.

Les tiges de culbuteurs

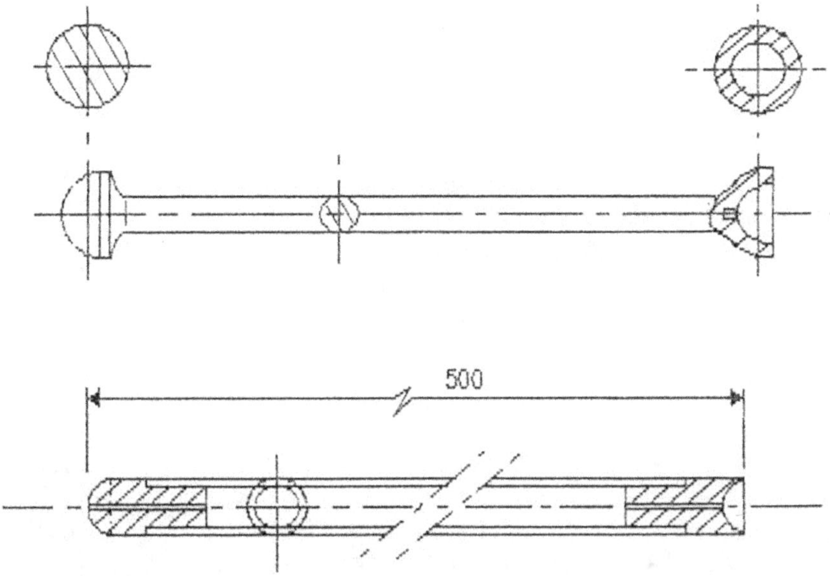

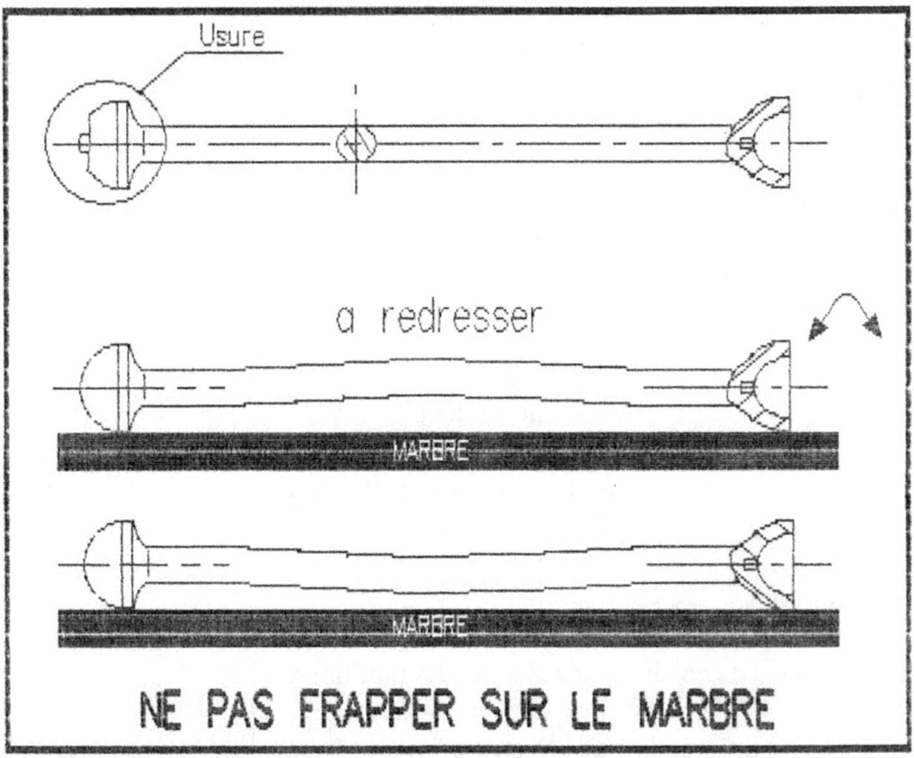

L'arbre à cames

Rôle.

Commander la fermeture et l'ouverture des soupapes.
Déterminer l'ordre d'ouverture et de fermeture des soupapes donc l'ordre des compressions et l'ordre d'allumage.
Déterminer la valeur d'ouverture des soupapes.
Déterminer le sens de rotation du moteur.

Forme.

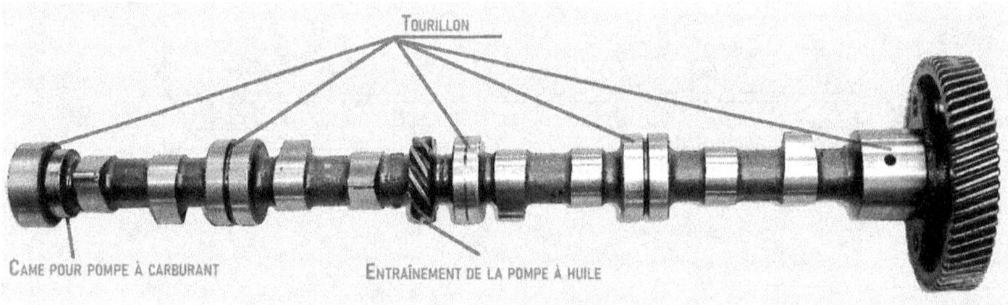

Matière.

Fonte alliée nitrurée ou cémentée.

Contrôle.

Visuel.

Vérifier L'état de surface.
Des tourillons.
Des cames.
Des roues et des pignons.
Des turbines de rejet d'huile ou des portées des bagues d'étanchéité.
Des taraudages,
Des clavetages.

Métrique.

Les différents diamètres.
La conicité et l'ovalisation des tourillons.
La flèche.
La levée de came. Diamètre de la came moins le diamètre primitif.

Le vrillage pour 4 ou 6 cylindres en ligne.

180° Entre la came ECH 1 cyl. et la came ECH 4 ou 6 cyl.

Remarque

La roue de commande à toujours un nombre pair de dents.

Ex : pignon de vilebrequin 31 dents ; roue d'arbre à cames 62 dents.

Epure de distribution d'un moteur 4 temps.

Jeu théorique = 1 mm

- AOA – 5 °
- RFA – 45 °
- AOE – 45 °
- RFA – 7 °

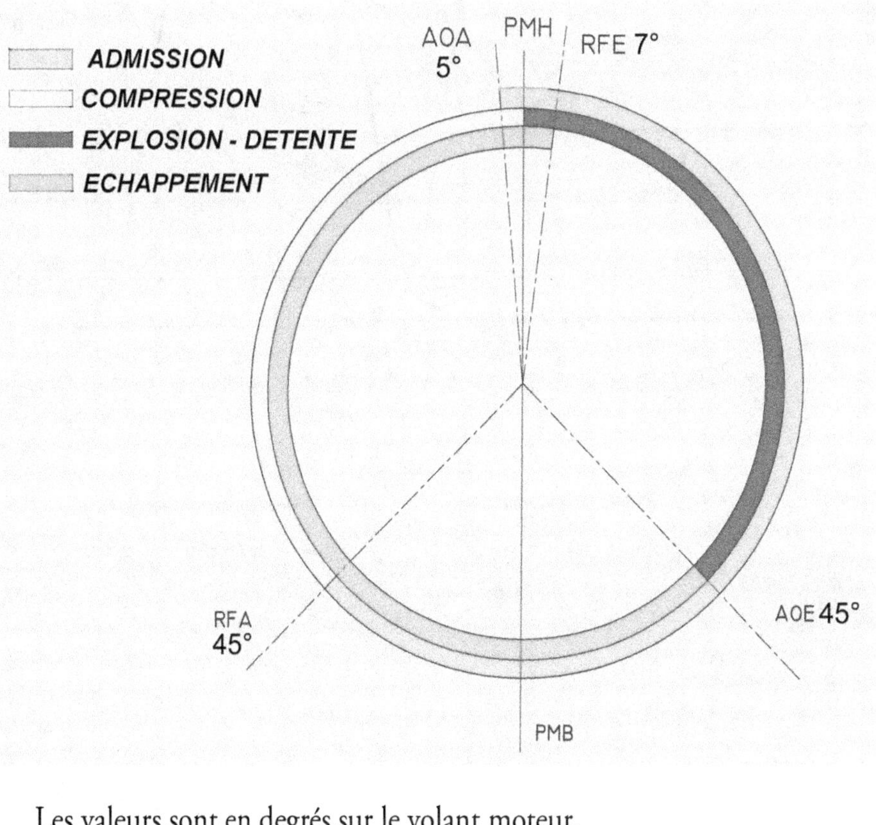

Les valeurs sont en degrés sur le volant moteur.

Diagramme des espaces des soupapes

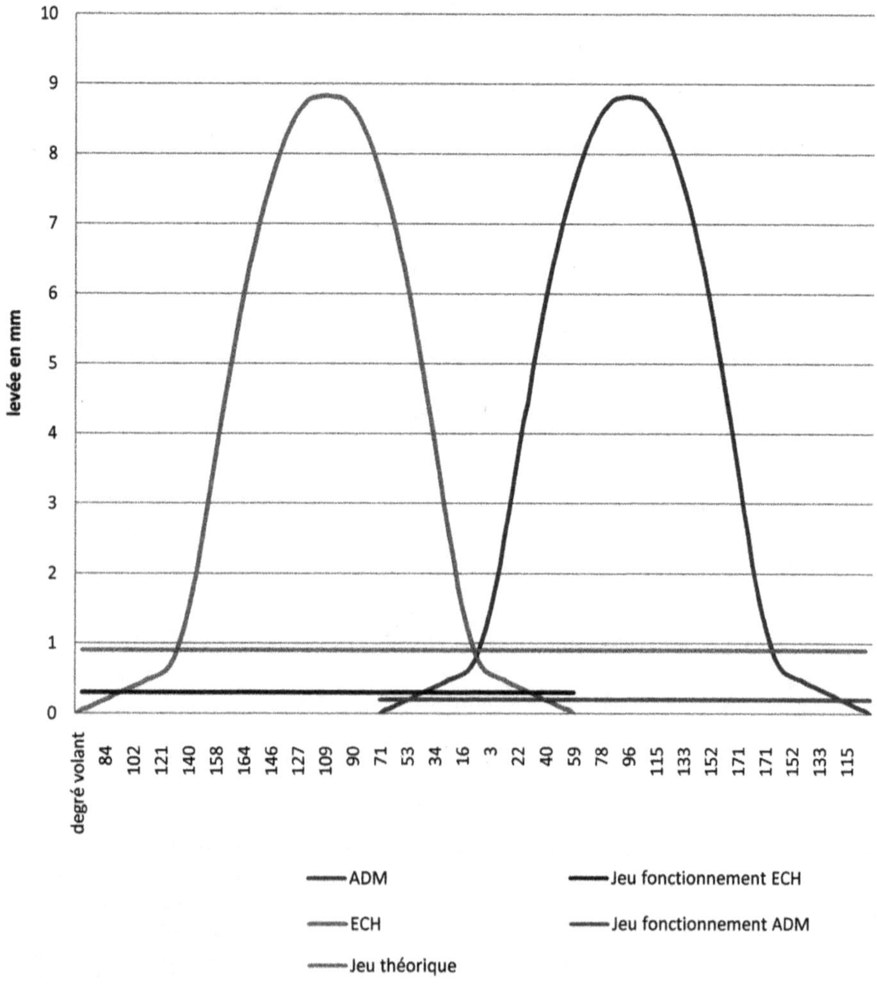

Les cames

Rôle :

Transforme, avec le poussoir, le mouvement rotatif de l'arbre à cames en un mouvement alternatif.

Contrôle :

Il est pratiquement impossible de connaître les caractéristiques d'un arbre à cames.
Seul un contrôle visuel permet de vérifier l'état d'un arbre à cames.

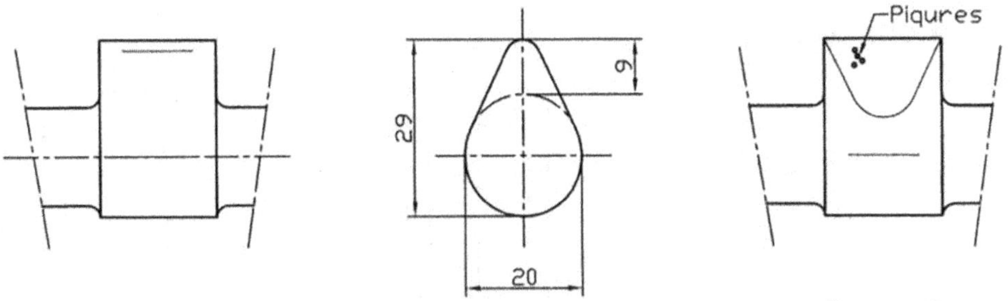

Came usée

9 = levée de came

Observations :

- **Au contrôle de qualité à la fabrication d'un arbre à cames, UN seul arbre à cames est retenu pour CINQ usinés.**

Les poussoirs

Rôle.

Transforment le mouvement rotatif continu de l'arbre à cames en un mouvement linéaire alternatif pour commander la soupape.

Matière.

Fonte alliée, acier.

Formes.

Voir figures.

Contrôle.

Visuel.

Rayures sur le corps.
Piéting ou arrache
ment de métal sur la
'tête'.

Métrique,

Diamètre.
Hauteur.

Attention.

- **À la réception de poussoirs neufs, vérifier leur diamètre.**
- **Sur certains moteurs, il est possible de rectifier les logements des poussoirs.**

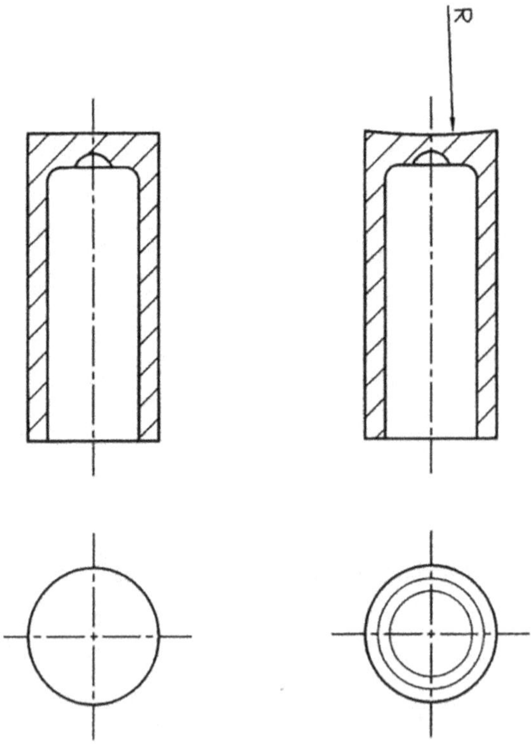

Poussoir usé

Observation :
Sur des moteurs récents, c'est la hauteur des poussoirs qui détermine le jeu aux soupapes.

La chaîne de distribution

Rôle.

Transmettre le mouvement du vilebrequin à la roue de l'arbre à cames et à celle de la pompe à injection pour les diesels.

Forme.

- À simple maillon.
- À doubles maillons.
- À Triple maillons.
  - Le pas d'une chaîne est en pouce. (inch en anglais)
  - 1 pouce = 25,4 mm ; ½ pouce = 12,7 mm ; ⅜ de pouce = 9,375 mm

Contrôle.

Visuel.

Par comparaison avec une chaîne neuve.

Flexion et allongement.

Attention.

- **Vérifier la présence des repères sur la chaîne neuve.**
- **A changer tous les 200 000 km.**
- **Lors de l'échange d'une chaîne, remplacer également le tendeur et les guides.**
- **Vérifier l'état des pignons.**

Remarque.

Suite à l'allongement de la chaîne due à son usure, sur un moteur diesel, la pompe d'injection est calée en retard de même que la distribution. Ce qui se traduit par une fumée bleu clair à l'échappement. Ne pas hésiter à changer la chaîne plutôt que de recaler la pompe.

Pour un modèle ancien si vous ne trouvez pas de chaîne de distribution de remplacement dans la marque il est possible de se dépanner avec de la chaîne au mètre chez les détaillants de fournitures industrielles. Pour le montage de l'attache rapide, l'agrafe doit être montée comme une flèche qui indique le sens de rotation de la chaîne.

Liens utiles : http://www.sedis.fr/

La courroie de distribution

Rôle.

Transmettre le mouvement du vilebrequin à la roue de l'arbre à cames et à celle de la pompe à injection pour les diesels, parfois à un arbre intermédiaire qui commande la pompe à huile, l'allumeur, la pompe à vide.

Matière.

Caoutchouc néoprène armé de fils nylon ou d'acier.
Ne jamais plier une courroie crantée.
Avantage sur une chaîne :
Pas de lubrification,
Moins bruyant, moins d'inertie, qu'une chaîne.
Remplacement plus rapide.

Identification.

Le pas, la largeur, la longueur, la forme des dents et des creux.

Contrôle.

Visuel.
- Vérifier l'absence de jeu de la courroie sur les pignons.

Montage.
- Voir calage de distribution.
- Vérifier le jeu et l'état des galets tendeur.
- Vérifier l'état des pignons.
- Remonter correctement les tôles de protection, contrôler leurs fixations.
- Supprimer les tôles de protection, c'est exposer la courroie aux intrusions de corps étrangers, neige, branche, courroie d'alternateur voire des souris, qui auront pour effet la destruction du moteur.
- Tension.
- Respecter les consignes du constructeur. En général le brin souple le plus long ne doit pas se vriller de plus d'un quart de tour.
- Trop tendue, les paliers d'arbre à came, les roulements des galets, les roulements de la pompe à injection seront détruits. La destruction des roulements sur une pompe Roto-diesel® se traduit par une fuite de gazole à l'entraînement de la pompe.
- Trop lâche, la courroie est bruyante et les dents risquent de sauter sur les pignons.

Périodicité de remplacement.

Suivre scrupuleusement les consignes du constructeur.
Généralement l'échange doit avoir lieu entre 40 000 km à 120000 km suivant les modèles et si le kilométrage n'est pas atteint, tous les cinq ans.

Remarque.

- Si le remplacement d'une courroie de distribution est une opération complexe et d'un coût élevé pour une pièce qui ne représente qu'une faible partie de la facture cette dépense est très inférieure au remplacement complet du moteur.
- Si la pompe à eau est entraînée par la courroie de distribution, prévoir l'échange de celle-ci.

Le tendeur de chaîne

Rôle.

Maintenir tendue la chaîne.

Formes.

À pression d'huile – Sédis®
À ressort.

Contrôle.

Visuel.

Vérifier l'état d'usure du patin, stries.
du pignon.
du jeu de piston dans le corps.

Métrique.

Si le patin sort plus de 5 mm du corps remplacer la chaîne et le patin.

Le carter inférieur

Rôle.

Récupérer l'huile qui provient des différents points du moteur. Servir de réservoir et faire office de radiateur.

Matière.

En tôle d'acier embouti.
En alliage d'aluminium.
En fonte sur le matériel agricole. Le carter d'huile peut être intégré au châssis de la machine.

Formes.

Il peut être cloisonné sur un véhicule tout terrain pour éviter à la pompe de déjauger.
(Marine. Sortir de l'eau, par extension ne plus être en contact avec un liquide)

Contrôle.

Après un nettoyage soigné.
Visuel.
État de surface des portées de joint.
Taraudage du bouchon de vidange.
Recherche des traces de choc qui auraient provoqué des fêlures notamment dans les carters en aluminium ou en fonte.
Métrique.
Sur un marbre, la planéité du plan de joint.

Réparation.

Après un dégraissage complet, il est possible de braser un carter fonte, de souder un carter en aluminium ou en acier. Il suffit de respecter la technologie de chaque matériau et d'utiliser le matériel approprié. Ex. Aluminium soudage TIG.
Si le carter est aussi une pièce du châssis de la machine attention à sa NON déformation.
Le dégraissage d'une pièce en aluminium est facilité en employant du 'grésil®' pur et en rinçant à l'eau. **Attention c'est un produit toxique**.
Pour les pièces en aluminium, ne pas utiliser de meule pour préparer les soudures.

La pompe à huile

Rôle.

Aspirer l'huile du carter et l'envoyer sous pression dans les canalisations de graissage.

Formes.

À pignons : À dentures intérieures
À dentures extérieures.
Trochoïde : À pistons.

Fonctionnement.

Pour limiter la pression maximale du circuit, tous les circuits de graissage sont équipés d'un clapet de décharge.
Sur certains moteurs le clapet de décharge n'est pas situé dans la pompe à huile mais sur le circuit de graissage du moteur.
La pompe à huile peut être entraînée par :

- Un renvoi de pignons commandés par l'arbre à cames.
- Directement par le vilebrequin (moteur FIRE- Fiat). Cette solution permet de diminuer le nombre de pièces en mouvement donc en friction.
- Par courroie crantée. Cette solution permet un accès facile à la pompe à huile.
- Par chaîne ou par pignons directement du vilebrequin.

Contrôle.

Visuel.

Rayures.
Traces d'oxydation.
Jeu de l'arbre de commande.
État des cannelures de l'arbre de commande.
État des cannelures internes des pignons.
État des portées de joint ou des raccords des canalisations.
État de la crépine.
Fonctionnement du clapet de décharge.

Métrique.

Jeu entre les pignons ou les rotors ≤ 1/10 mm.
Espace entre les pignons ou les rotors avec le couvercle ≤ 1/10 mm

Attention.

- **Sur certaines pompes à huile, un joint est prévu entre le couvercle et le carter de pompe à huile.**

Contrôle de la pompe à huile

Pompe à engrenage

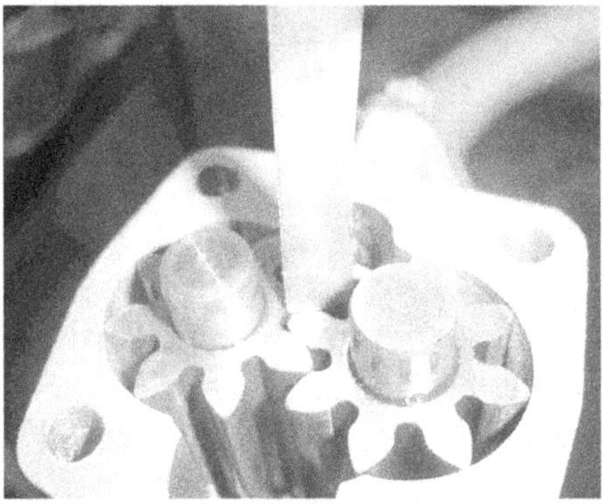

Entre dent
0,05 mm
0,10 mm

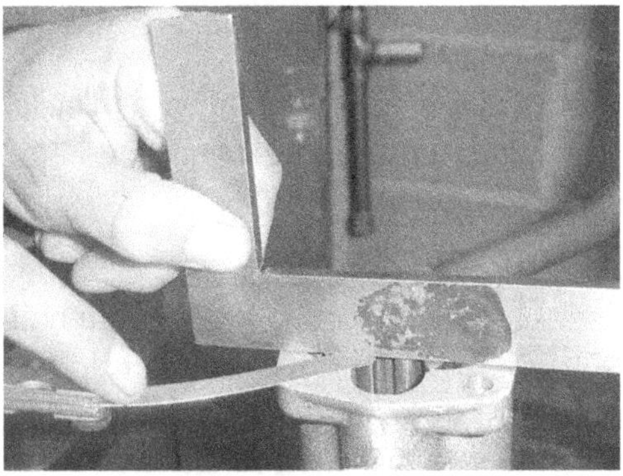

Jeu axial
0,02 mm
0,10 mm

Pompe à rotor trochoïde

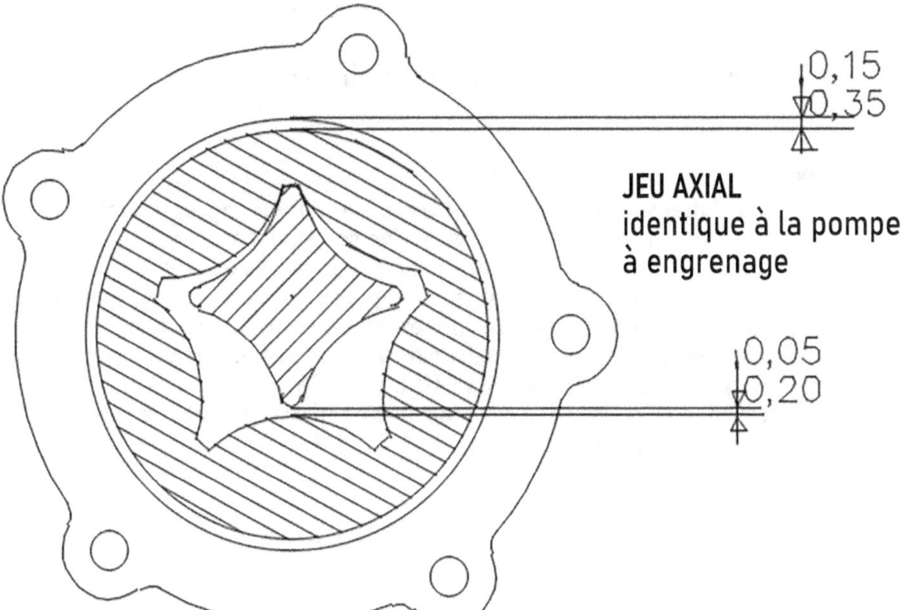

Vérifier le fonctionnement du clapet de décharge

Le radiateur d'huile ou l'échangeur de température

Rôle.

Assurer la réfrigération de l'huile sur les moteurs essences et diesels puissants ou suralimentés.

Formes.

De conception identique à un radiateur à liquide de refroidissement mais plus résistant. Ce radiateur doit pouvoir résister à de fortes variations de pression, élasticité de 0 à 6 bars, et parfois plus et à des températures élevées, plus de 140°C.

Certains radiateurs d'huile sont incorporés au radiateur de liquide de refroidissement.

La présence d'un radiateur d'huile peut être due à la présence d'une boîte automatique.

Remarque.

Les radiateurs d'huile peuvent être équipés d'un thermocontact, contacteur qui réagit à la température, pour enclencher le ventilateur électrique. Ces thermocontacts peuvent être de même forme que ceux du circuit de refroidissement.

Vérifier la température inscrite dessus ou les contrôler.

Attention.

- **Toute fuite sur un radiateur d'huile ou un échangeur entraîne le remplacement de celui-ci ou la réparation par un atelier spécialisé.**
- **Soudage à l'étain rendu impossible par la présence de corps gras.**
- **Le brasage au chalumeau est à proscrire avec un chalumeau oxyacéthylénique. L'oxygène en présence d'un corps gras explose.**
- **Inutile d'essayer de rincer le radiateur avec un solvant. Lors de la soudure les vapeurs peuvent être toxiques, trichloréthylène, ou exploser.**
- **Si vous tentez ces expériences, vous mettez en danger votre vie ou celles des personnes avoisinantes.**

L'ensemble de chemise, piston, bielle

Important.

- **Les pièces qui composent cet ensemble seront étudiées séparément dans les pages suivantes.**

Contrôle.

Moteur sur le véhicule, culasse déposée
Contrôle du cylindre et de la tête du piston,

Piston au Point mort bas.

- Contrôler l'état de surface du cylindre. L'absence de rayures et d'épaulement sur le haut, signe d'usure du moteur.
- Une différence entre les cylindres de la hauteur de suie indique des segments de feu cassés.

Piston au point mort haut.

- Contrôler l'état de surface de la tête du piston.
- Un bris sur le pourtour du piston indique un segment cassé.
- Vérifier, perpendiculairement au moteur, le jeu du piston dans le cylindre.

Contrôle visuel.

- Ensemble piston bielle déposé sans les segments.
- État de la chemise.
- État du cylindre, de l'embase, de la collerette.
- Sans dépose de la bielle du piston.
- Le segment racleur doit être sans jeu avec un déplacement 'gras'.
- État du piston.
- État des gorges des segments.
- État de la tête.
- État de la jupe.
- Traces de frottement asymétrique = bielle vrillée.
- État de la bielle.
- Contrôler la tête et notamment la portée des demi-coussinets
- État des coussinets
- Usure asymétrique soit le maneton de vilebrequin est conique, soit la bielle est vrillée.
- Contrôle du jeu du piston sur la bielle, par basculement du piston sur la bielle.

Contrôle métrique.

- Jeu des segments dans les gorges du piston. Avec des segments neufs 0,15 mm sur une pénétration de la cale de 1,5 mm
- Jeu du piston dans la chemise, en trois points sur la hauteur avec un jeu de cales dynamométrique.

Tolérances :

Diesel ≤ $^{15}/_{10000}$ de mm de l'alésage en mm.
Essence ≤ $^{10}/_{10000}$ de mm de l'alésage en mm.

Ensemble chemise-piston-bielle - Mesure jeu

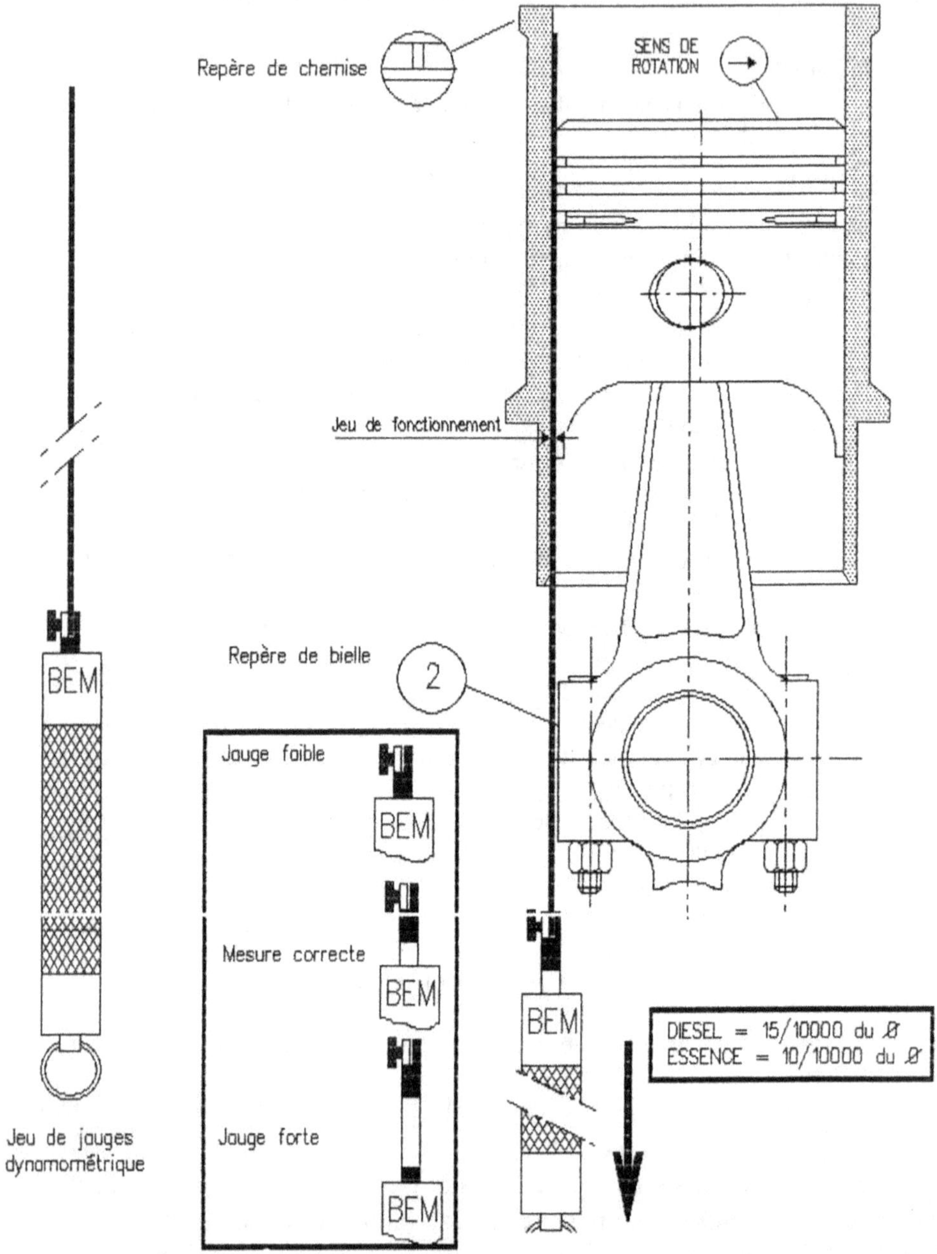

Ensemble chemise-piston-bielle

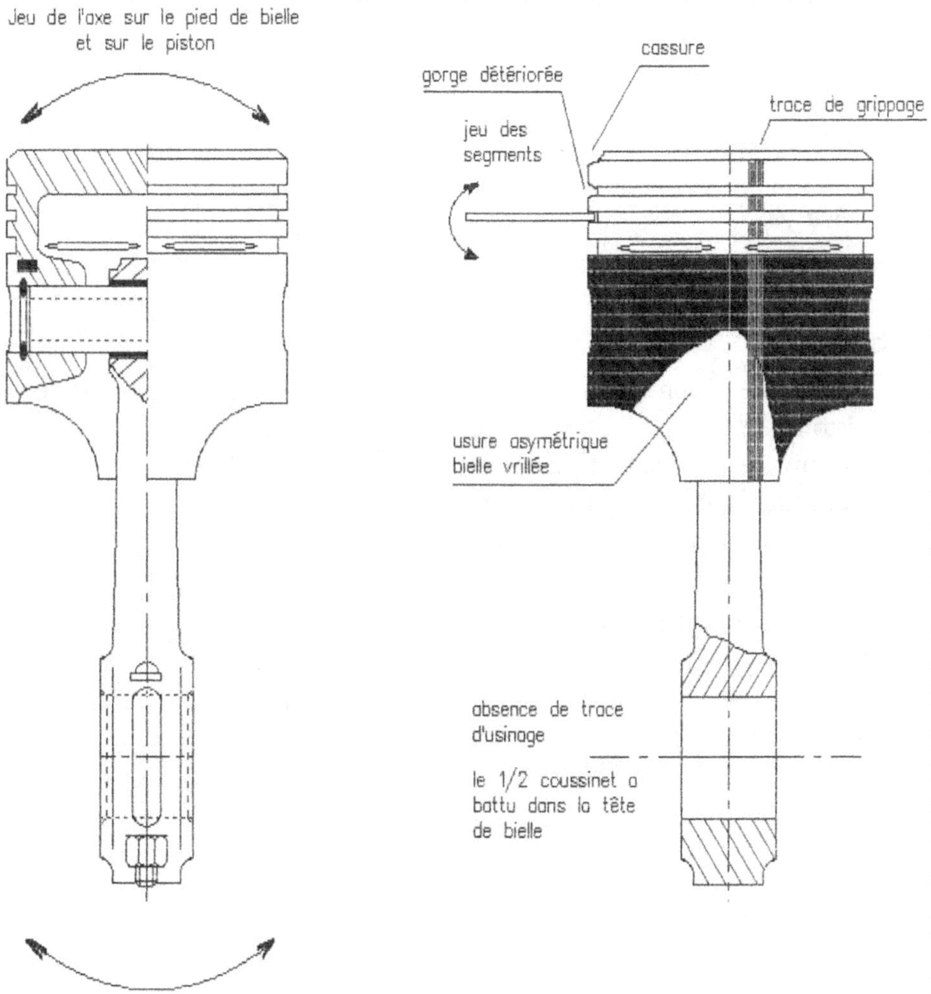

L'axe de piston

Rôle.

Assurer la liaison bielle piston.
Matière acier au nickel chrome cadmium - 15NCD2 ; 15C3

Forme.

Voir figures.

Repérage.

Voir figures.

Contrôle.

Les axes de piston ne sont pas vendus séparément. Ils sont livrés avec les pistons.
Contrôler le jeu pied de bielle – axe
Contrôler le jeu piston axe.
Tolérance ≤ 0,02 mm

Différents montages.

Voir figures.

Les axes de piston

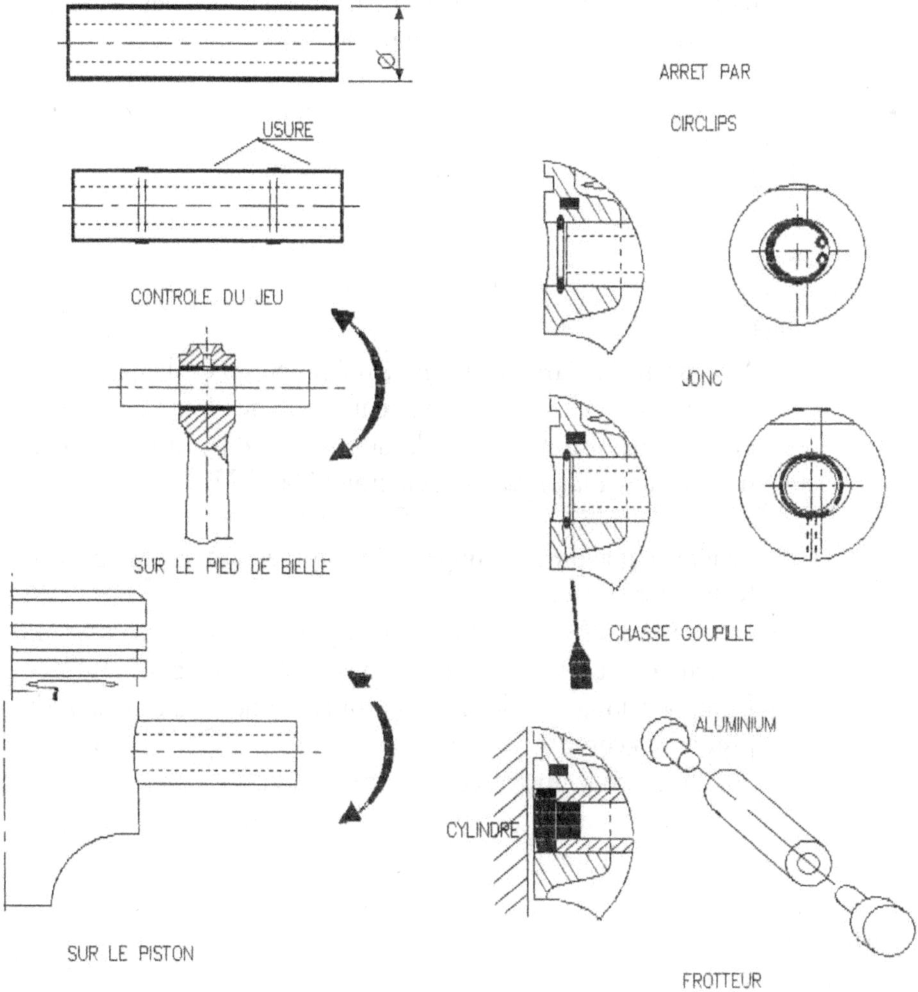

La bielle

Rôle.

Transmet la force du piston au vilebrequin.
Avec le vilebrequin, transforme le mouvement rectiligne alternatif du piston en un mouvement rotatif continu du vilebrequin.

Matière.

Acier forgé, 45M5UA2 ; en compétition, c'est en titane.

Formes.

Voir figures.

Pied,

- Moteur diesel, l'axe de piston peut être monté sur bague.
- Moteur essence l'axe de piston peut être monté fretté. Extraction de l'axe du piston entraîne la destruction du piston. La force d'extraction à la presse est d'environ 5000 daN.

Tête.

- La tête peut avoir une coupe oblique qui permet le passage de la bielle dans le cylindre.
- Pour une même cylindrée unitaire et une même course un moteur aura un meilleur couple si la bielle est longue.
- Le rapport longueur de bielle (L) sur la moitié de la course (*r*) du piston sera compris entre : L/r =
  - 2,5 à 3 pour un moteur de compétition.
  - 3 à 3,8 pour un moteur de véhicule de tourisme.
  - 3 à 5 pour un moteur industriel.

Contrôle.

Visuel.

- État de la visserie. Serrage angulaire, remplacer les vis par des vis neuves.
- Du pied de bielle arrachement de métal pour les axes frettés.
- De la tête de bielle, absence des traces d'usinage.
- Du circuit de graissage pour les bielles à graissage intégrale et le conduit du gicleur.

La bielle

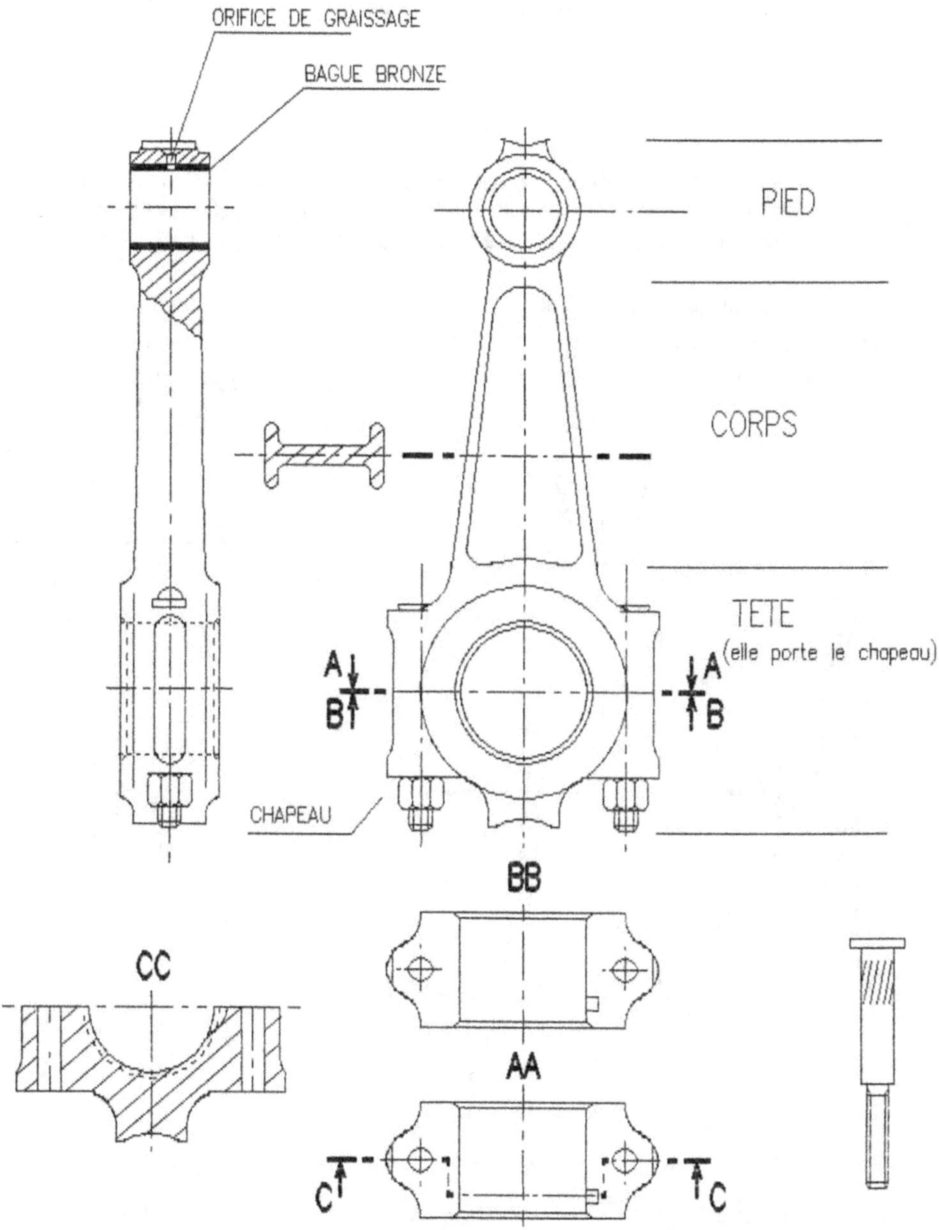
ORIFICE DE GRAISSAGE
BAGUE BRONZE
PIED
CORPS
TETE
(elle porte le chapeau)
A
B
A
B
CHAPEAU
BB
CC
AA
C
C

Métrique.

- Avec une équerreuse de bielle.
- Vrillage, 9/10000 de mm de la longueur de l'axe en mm.
- Flambage. 6/10000 de mm de la longueur de l'axe en mm.
- Poids, différence maxi 3 g, peser le pied séparément de la tête.
- Jeu latéral ou axial de la bielle sur le maneton de vilebrequin ≤ 5/10 de mm.

Attention.

- **Sur les moteurs diesels, le flambage et le vrillage peuvent être dus à une aspiration d'eau par le piston ou à une incombustion du gazole. Les liquides sont considérés incompressibles à de faibles pressions, moins de 50 bars.**

Lubrification du cylindre opposée au sens de rotation

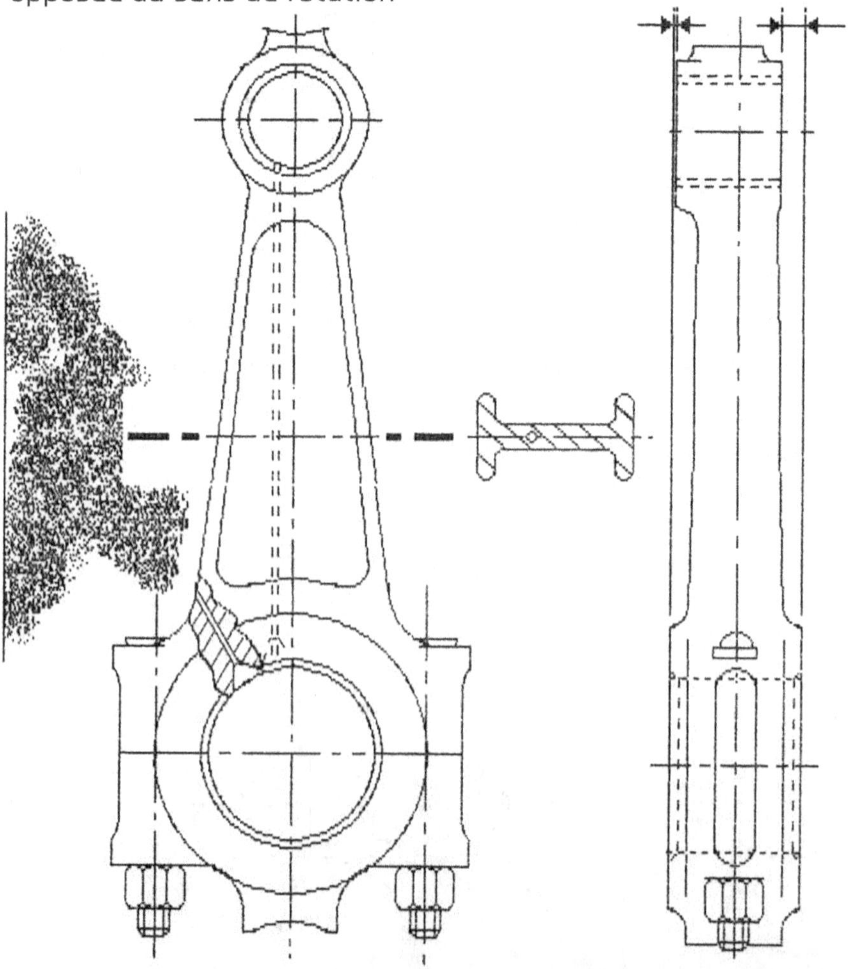

La bielle

Bielle á graissage intégral

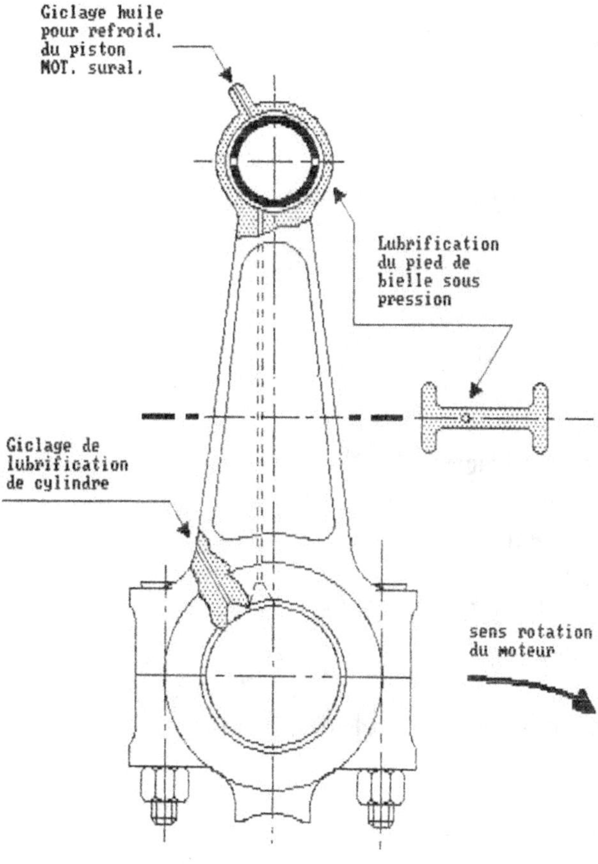

Bielle avec pied déporté

IMPORTANT
Le giclage d'huile
est opposé au sens
de rotation du moteur

Le bloc moteur ou le bloc cylindre

Rôle.

Servir d'ossature et maintenir les organes mobiles.

Matière.

Fonte GS ou Fonte GL-B1 et Alliage d'aluminium.

Formes.

À plat, en ligne, en Vé. À refroidissement par air, par liquide. À chemise sèche, à chemise humide. Alésé dans la masse ou à chemise amovible.

Contrôle.

Visuel.

Rechercher la présence de fente due au gel.

Vérifier l'état :

- Des taraudages,
- Des pastilles de dessablage.
- Des fûts de chemise.
- Des portées des chemises.
- Des plans de joint.
- Des paliers du vilebrequin et de l'arbre à cames.
- Des circuits de graissage.
- Bloc chemisé
- Contrôle des cylindres voir contrôle des chemises.

Métrique.

Contrôler :

- La planéité du plan de joint de culasse, voile maxi 0,05 mm
- L'alignement de la ligne d'arbre à défaut la planéité du plan de joint du carter d'huile, voile max 0,02 mm.
- Si sur les coussinets de palier apparaît une usure anormale, vérifier l'ovalisation et la conicité des paliers du bloc moteur.

Attention.

- **Si le plan de joint de culasse est usiné, reprendre obligatoirement les hauteurs des chemises et le dépassement ou le retrait des pistons.**
- **Pour les cylindres alésés dans le bloc leurs classes d'usinage sont repérées soit par des lettres soit par des petits trous qui indiquent la classe d'usinage des pistons réciproques.**

Le bloc cylindre

En ligne

Alésé

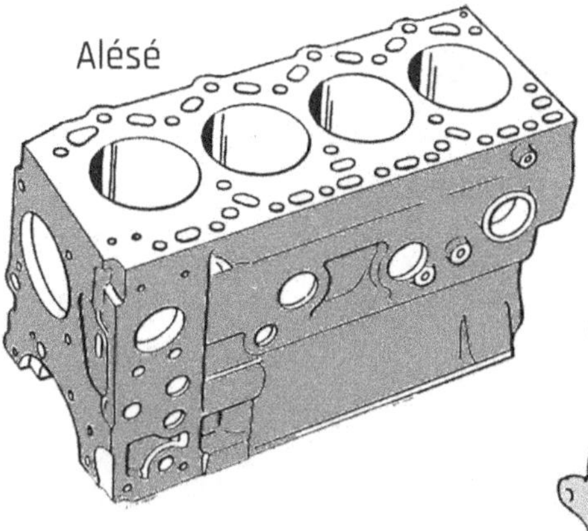

Avec chemise humide

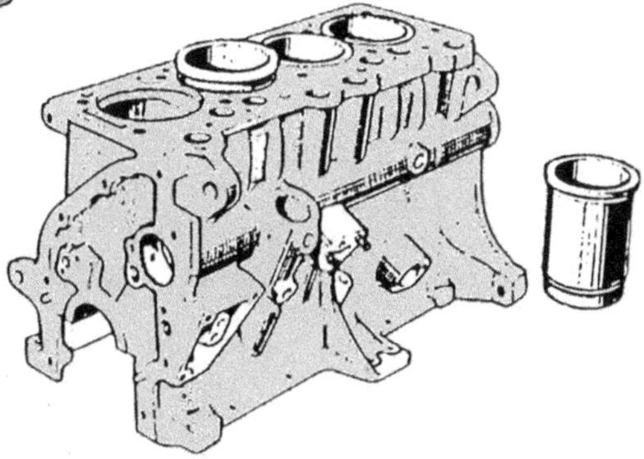

En Vé

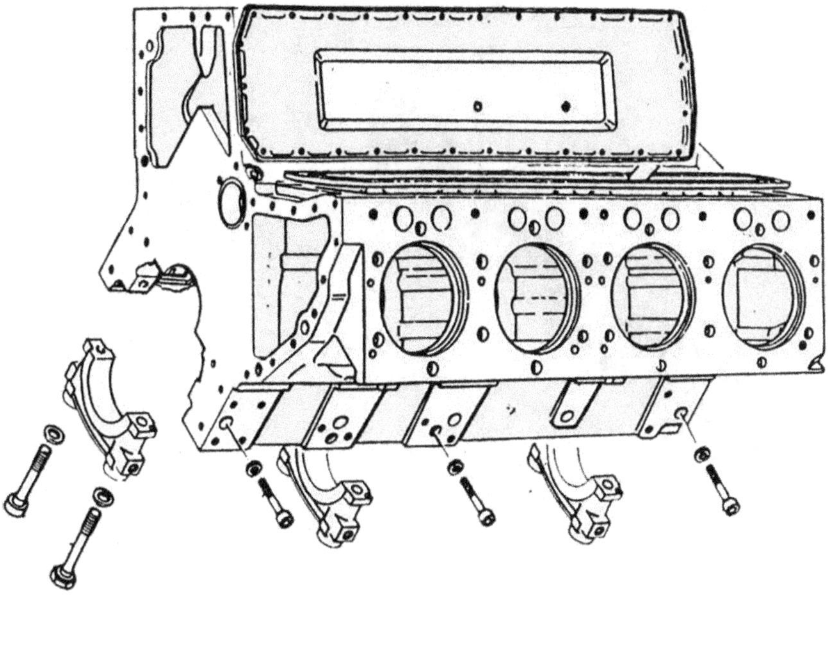

Le bloc moteur

Axes de controle du plan de joint de culasse

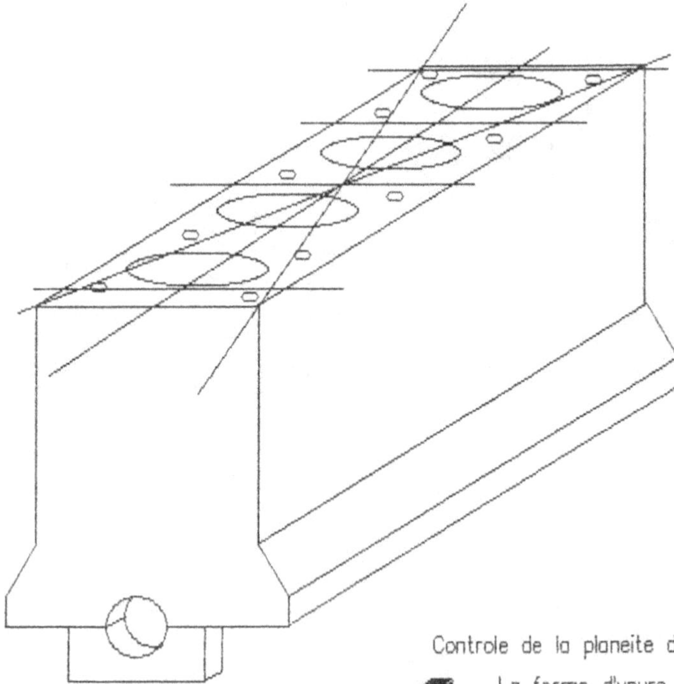

Controle de la planeite du plan de joint

La forme d'usure des coussinets
peut indiquer un defaut du bloc

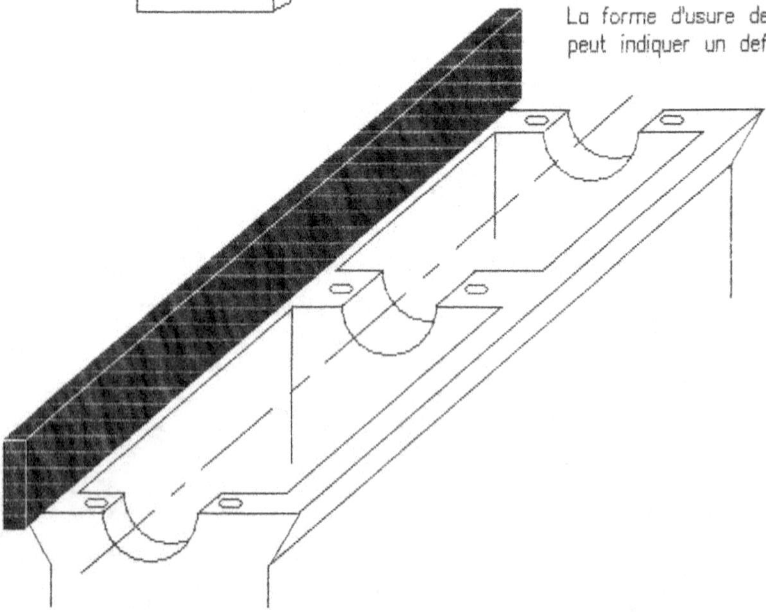

Les coussinets

Rôle.

Permettre une rotation sans frottement des bielles sur les manetons et du vilebrequin dans les paliers.
Le frottement n'existe qu'au démarrage et pendant l'arrêt du moteur.
En fonctionnement normal, les coussinets ne touchent pas le vilebrequin.
Un film d'huile, une fine couche d'huile d'une pression élevée, environ 400 bars les isolent du vilebrequin.
Ce type de graissage est dit dynamique. Voir publication BP.

Forme.

Voir figures.

Contrôle.

Visuel.

- Absence de rayure due à des corps étrangers.
- Absence de petits cratères due à la présence du liquide de refroidissement dans l'huile. Par la pression élevée qui règne entre le coussinet et le vilebrequin, le liquide de refroidissement prisonnier entre le coussinet et le vilebrequin se transforme en vapeur à une température élevée environ 500°C, température nettement au-dessus de la fusion du métal anti friction.

Métrique.

- Coussinets neufs.
- Épaisseur, coussinet à la cote d'origine ou à la cote dite de réparation.
- Sur le coussinet usagé vérifier les références inscrites.
- Référence STD (standard) = cote constructeur.
- Référence. 0.25 = première cote dite de réparation.
- Référence. 0.50 = deuxième cote dite de réparation.
- Référence. 0.75 = troisième cote dite de réparation.

Important.

- **Pour commander des demi-coussinets neufs, mesurer le diamètre de chaque maneton et chaque tourillon du vilebrequin.**
- **Pour des raisons d'économie un seul maneton ou un seul tourillon est peut-être rectifié.**

Attention.

- **Au montage, positionner les trous des coussinets en face des canalisations de graissage du bloc moteur.**

Les 1/2 coussinets

CONTRÔLE

VISUEL : Absence de rayures
Traces d'usure inégales

MÉTRIQUE : (coussinet neuf)
Épaisseur (côte origine et côte réparation)

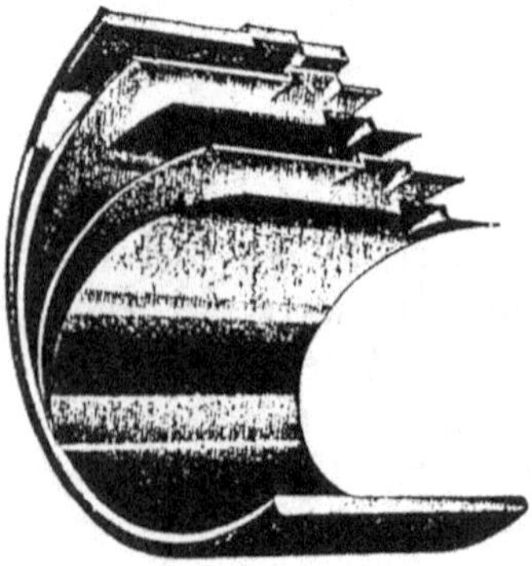

Coussinet mince coquille acier à 4 revêtements pour paliers fortement chargés (Federal Mogul)

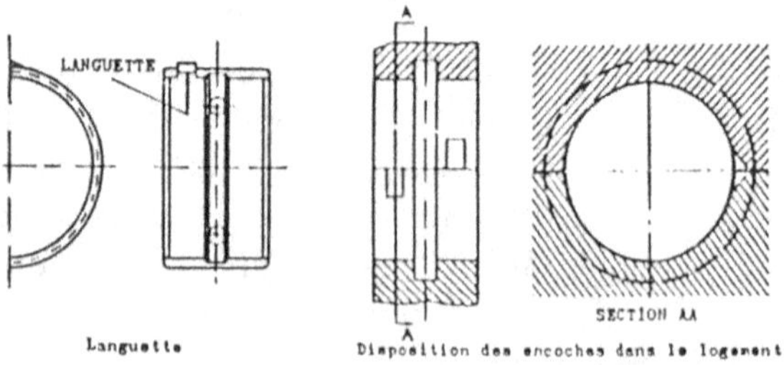

Coussinet mince avec languettes de positionnement

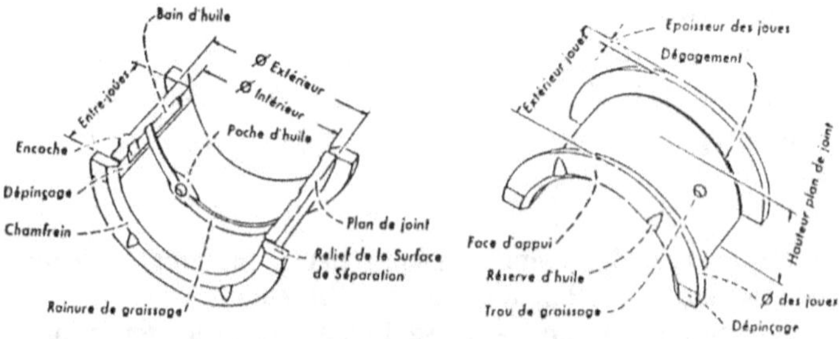

Description et cotes caractéristiques d'un coussinet à joues

Les cales latérales

Rôle.

Positionner le vilebrequin en position axiale ou latérale.
Régler le jeu axial ou latéral du vilebrequin.
Effectuer la réaction au mécanisme d'embrayage.

Matière.

Identique au coussinet de bielle.

Contrôle.

Visuel.

- Identique au coussinet de bielle.

Métrique.

- Contrôler, sans huile, le jeu axial ou radial du vilebrequin.
- Compris en 0,2 mm et 0,4 mm

Attention.

- **Vérifier le sens de montage des cales.**
- **La partie antifriction contre le vilebrequin.**

La chemise

Rôle.

Faire office de chambre de travail.
Guider le piston.

Matière.

Fonte au Silicium, acier.

Forme.

Voir figures.

Contrôle.

Visuel.

- Contrôler l'état du cylindre, de la collerette, de l'embase.

Métrique.

- L'ovalisation et la conicité avec un comparateur d'alésage ou avec un alésomètre, micromètre à trois branches.
- Chemise neuve.
- Contrôler, l'alésage, la hauteur, les diamètres extérieurs.

- Usure maximale, conicité ou ovalisation.
  - Moteur essence ≤ 0,10 mm
  - Moteur diesel ≤ 0,15 mm

Nota : pour connaître l'alésage d'origine, mesurer l'alésage au bas du cylindre ou de la chemise. C'est la partie la moins usée.

La chemise (suite)

Déglaçage du cylindre.

Il se peut que par l'usure le cylindre se soit glacé.
Pour diminuer la consommation d'huile il faut retracer les traces de rectification.
L'outil conventionnel est un système expansible de trois pierres.
Cette opération peut être exécutée par un atelier de rectification moteur.

Vous pouvez utiliser un rodoir pour déglacer le cylindre
Lubrifier les pierres avec du pétrole
Utiliser une perceuse

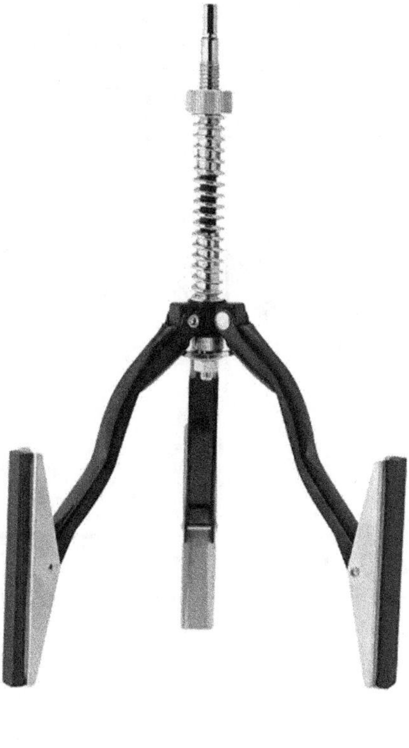

La chemise

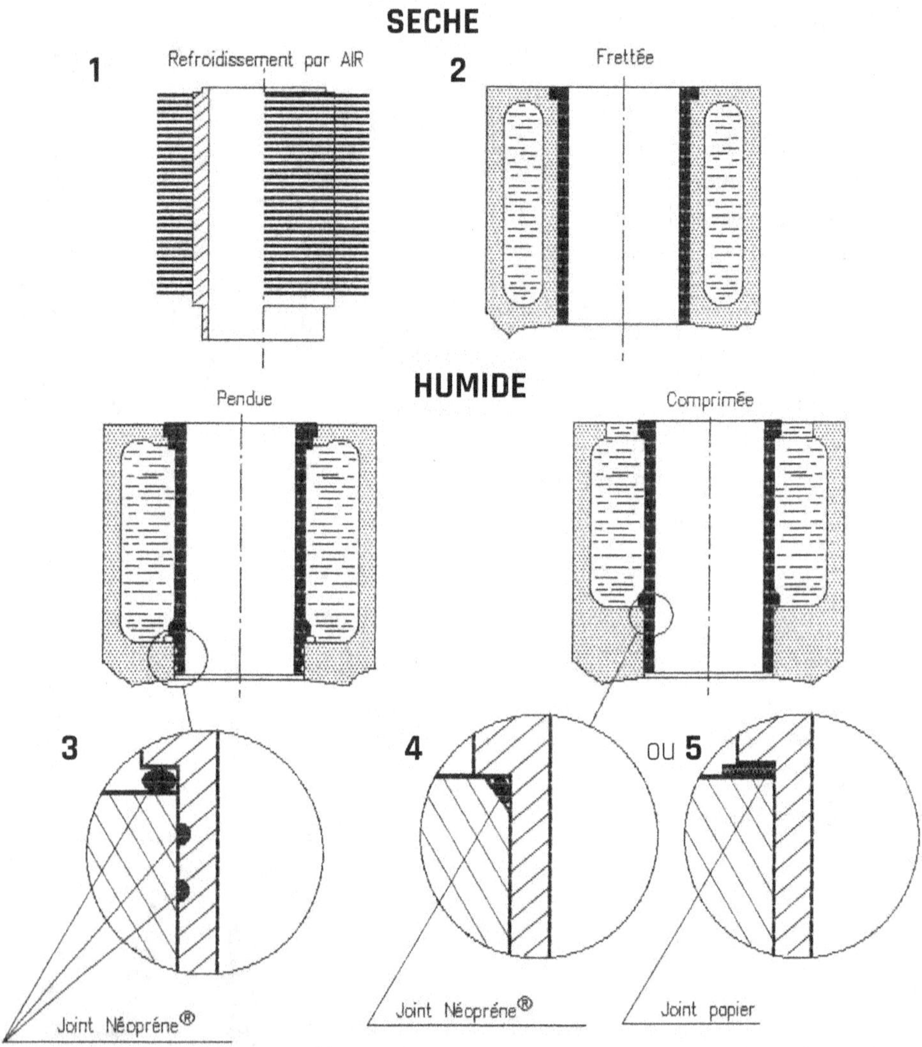

1 - 3 - 5 Hauteur ou dépassement REGLABLE

2 - 4 Hauteur ou dépassement NON REGLABLE

La chemise

Contrôle visuel

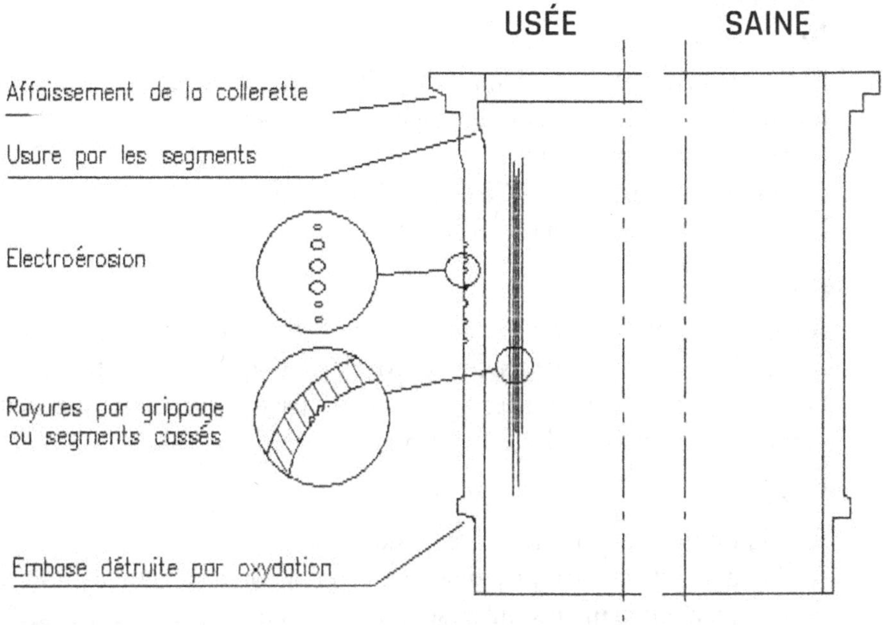

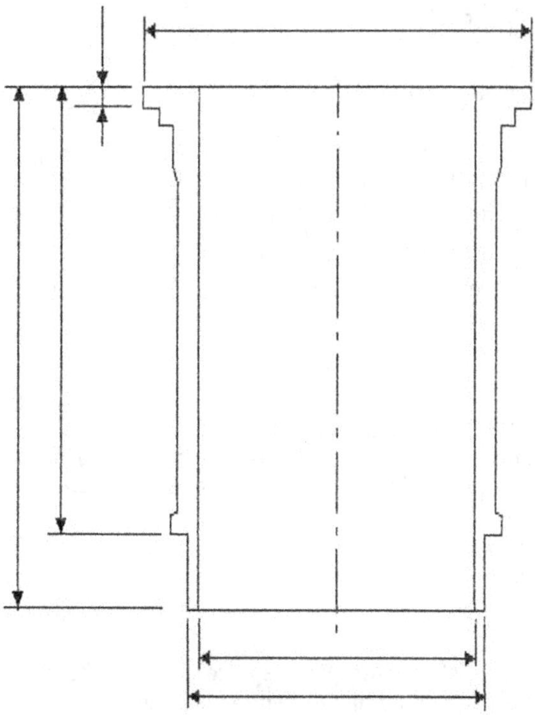

Différentes côtes à vérifier lors d'un échange de chemise

Le piston

Rôle.

Aspirer le mélange carburé, moteur à allumage commandé
Aspirer l'air, moteur diesel à allumage par compression.
Comprimer les gaz aspirés.
Engendrer une force lors de la combustion des gaz ;
F = P x S ; F en daN. P en Bar. S en Cm^2.

Matière.

Alliage d'aluminium, AS13 (alpax) ; AZ5GU (Zitrane) ; AS18UN ; AS12UN. Certains moteurs GM et Mack sont équipés de piston à jupe flottante. La tête et en fonte et la jupe est en alliage d'aluminium. Les deux parties sont réunies par l'axe de piston.

Forme.

À froid un piston est ovale et tronconique.
À chaud il est cylindrique, dilatation compensée. La température de fonctionnement d'un piston n'est pas homogène. Au centre de la tête 250°C, à la jupe 80°C. - Voir figures.

Contrôle.

· Voir contrôle ensemble bielle, piston, chemise.

Le piston, sens de montage.
1er cas : l'axe du vilebrequin n'est pas dans l'axe du cylindre.
C'est la forme de la tête qui donne le sens au piston.
2e cas : l'axe du vilebrequin est dans l'axe du cylindre.
L'axe de l'axe du piston n'est pas dans l'axe du piston, voir figure.
Le piston à un sens impératif de montage.

Attention.

- **La flèche marquée sur la tête du piston peut indiquer :**
- **Le sens de rotation du moteur. La direction de la distribution. La direction du volant moteur. La soupape d'échappement ou d'admission pour un moteur de moto.**
- **Repérer le piston avant démontage.**
- **Consulter la notice du constructeur.**

Important.

- **Si le sens de montage du piston n'est pas respecté la longévité du moteur peut être réduite à quelques heures voire quelques minutes.**

- **Pour les pistons à axe fretté dans le pied de bielle, la dépose de l'axe entraîne la destruction du piston.**
- **Pour les moteurs industriels il est possible de ne changer qu'un piston sans changer la chemise, l'inverse n'est pas possible changer une chemise sans changer le piston. Il est important à la commande de donner le poids du piston. Il est normalement inscrit sur la tête.**
- **Pour les moteurs de véhicule de tourisme les pistons se vendent par jeu avec les chemises.**
- **Si l'échange d'un seul piston est possible vérifier son retrait ou son dépassement du bloc moteur.**
- **Différence de poids entre les pistons ≤ 5 grammes.**

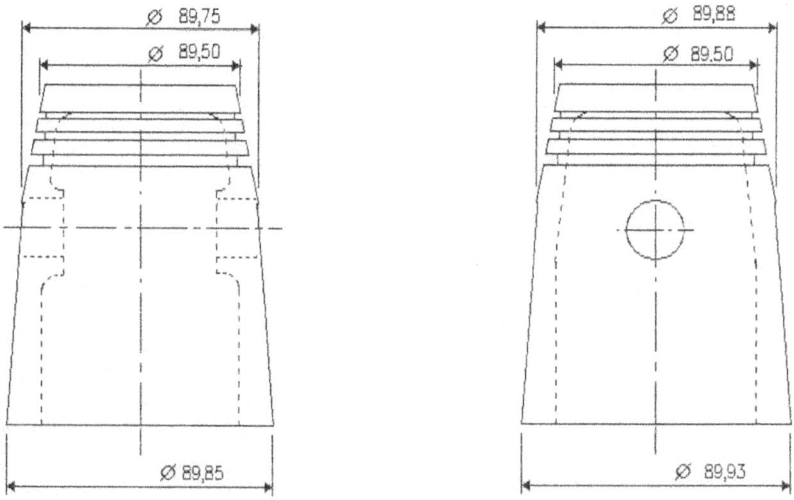

La conicité et l'ovalisation ont été volontairement exagérées

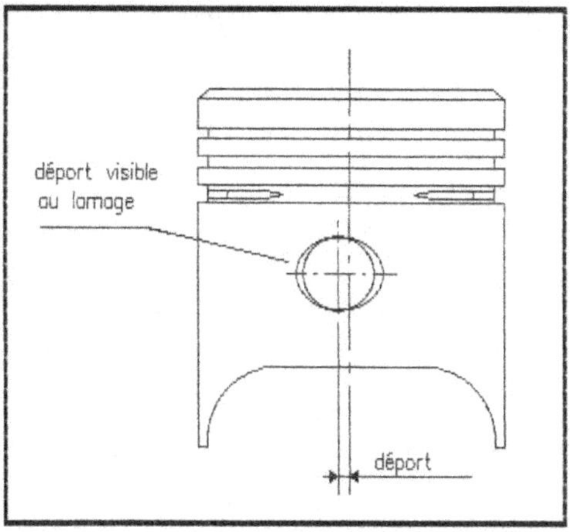

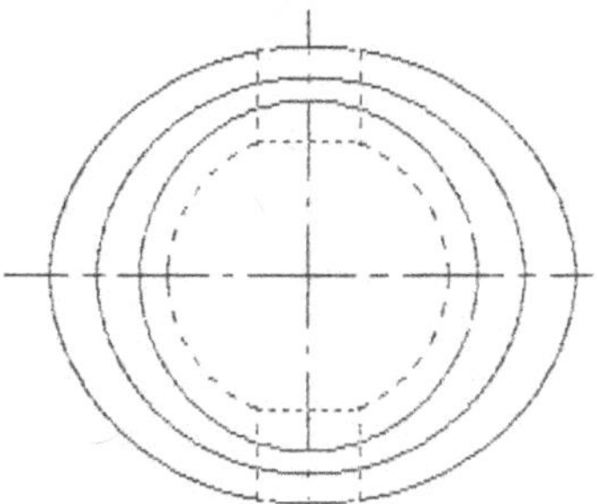

Quand le piston a atteind sa température de fonctionnement, il est cylindrique. (dilatation compensée)

Le piston

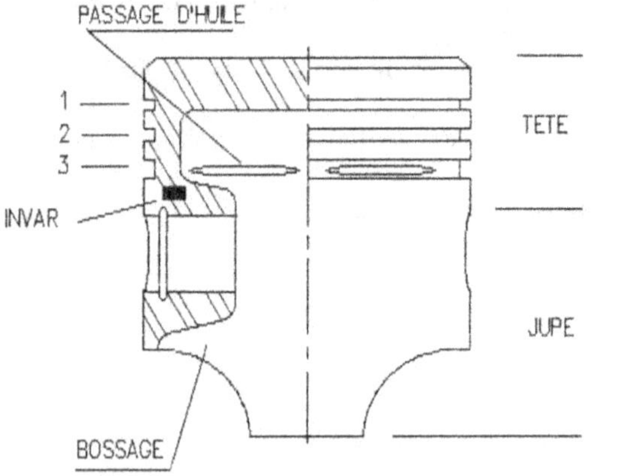

1 : GORGE DU SEGMENT DE FEU
2 : GORGE DU SEGMENT D'ETANCHEITE
3 : GORGE DU SEGMENT RACLEUR D'HUILE
INVAR : alliage a faible coef. de dilatation.

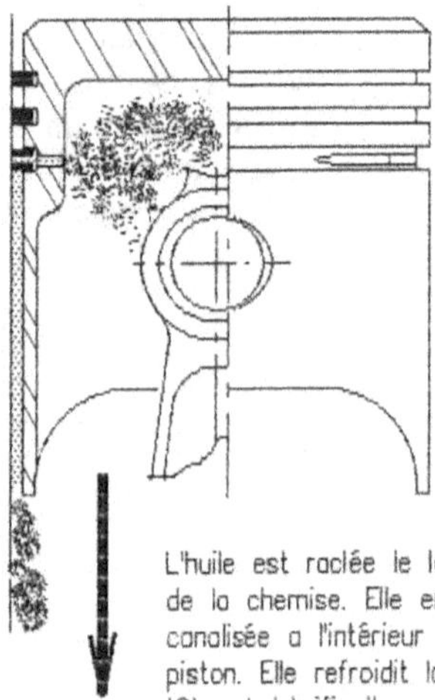

L'huile est raclée le long de la chemise. Elle est canalisée a l'intérieur du piston. Elle refroidit la tête et lubrifie l'axe.
Si l'huile n'était pas canalisée, un coin d'huile se formerait et ralentirait la course du piston.

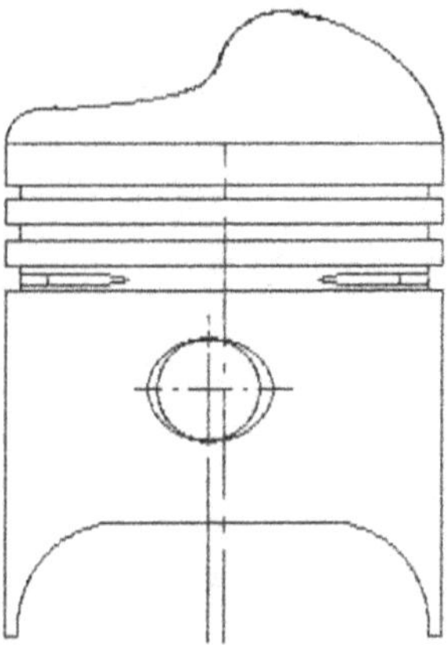

Piston avec tête à déflecteur

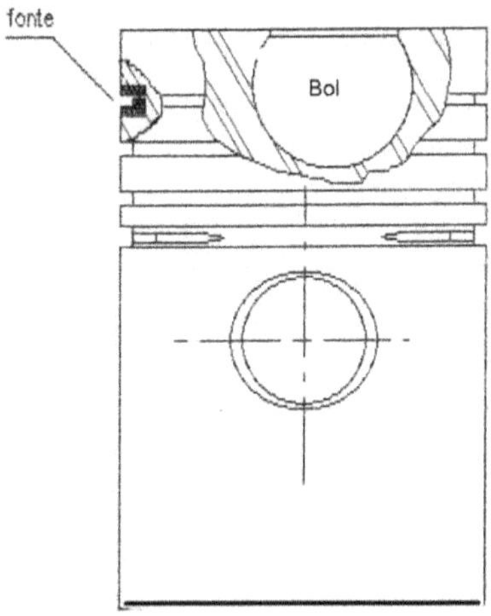

Piston Mot. Diesel (injec. Directe)

Le piston

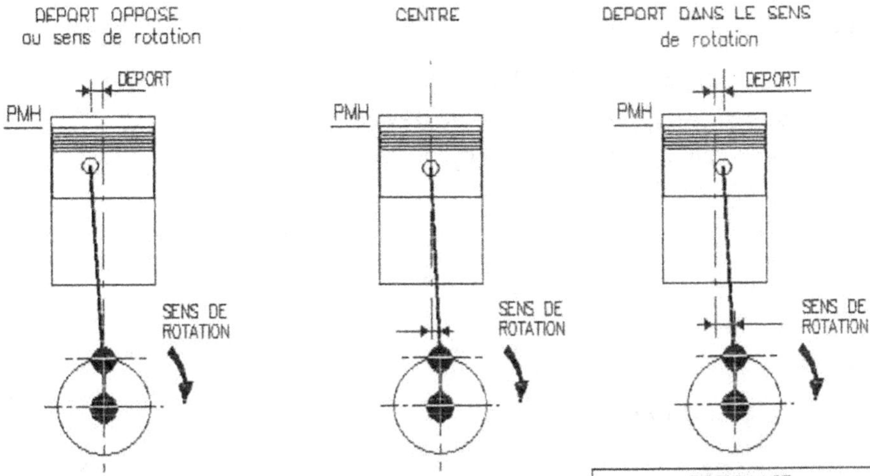

BIDOUILLAGE

Pour augmenter le couple moteur,
dans ce cas et seulement celui-ci
il peut être possible de tourner le piston
Par contre le moteur sera plus bruyant
et sa longévite sera réduite.

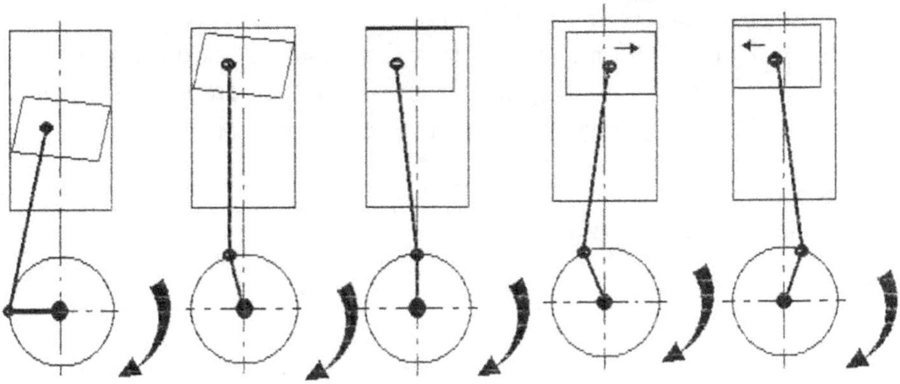

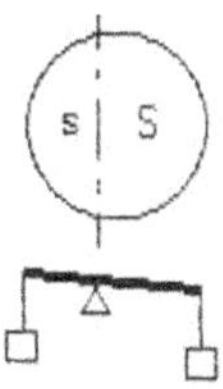

Le jeu et le déport du piston ont été volontairement exagérés

axe de piston et vilebrequin centré, le piston heurte la chemise au PMH.

Le segment de feu

Rôle.

Reçoit la chaleur du front de flamme.
Assure l'étanchéité de la chambre de travail.
Transfère la chaleur du piston au cylindre.

Forme.

Voir figure.

Matière.

Acier allié au chrome.

Contrôle.

Visuel.

- État du segment.

Métrique

- Jeu dans la gorge ≤ 0,15 mm.
- La pénétration de la cale de 0,15 ne doit pas excéder 1,5 mm
- Le jeu à la coupe, mesurer au bas du cylindre doit être égale 3/1000 du diamètre en millimètre.

Attention.

- **Contrôler les segments neufs.**

Les segments

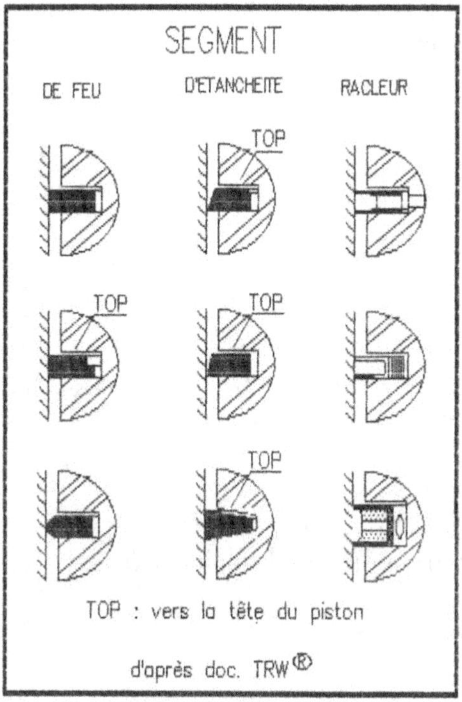

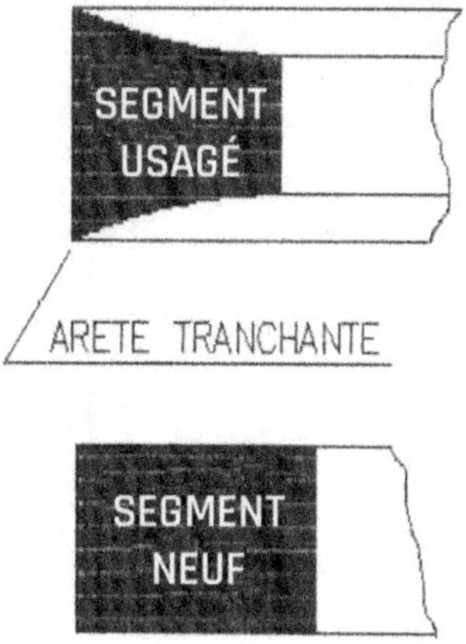

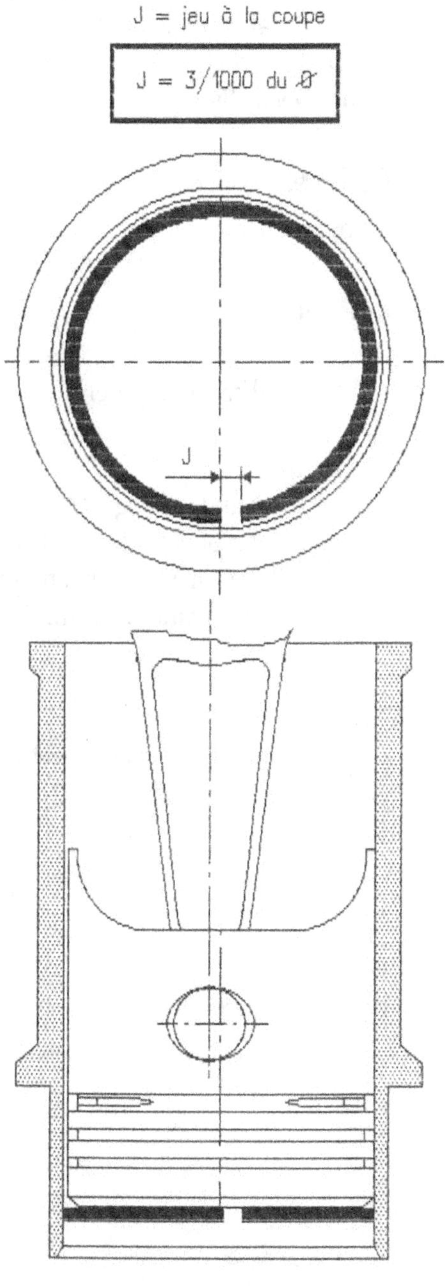

Le segment d'étanchéité

Rôle.

Assure l'étanchéité de la chambre de travail.
Transfère la chaleur du piston au cylindre.
Forme voir figures.

Matière.

Fonte alliée.

Contrôle.

Visuel.

- État du segment.

Métrique

- Jeu dans la gorge ≤ 0,15 mm.
- La pénétration de la cale de 0,15 ne doit pas excéder 1,5 mm
- Le jeu à la coupe, mesurer au bas du cylindre doit être égale 3/1000 du diamètre en millimètre.

Attention.

. **Contrôler les segments neufs.**

Le segment racleur

Rôle.

Évite la remontée d'huile dans la chambre de combustion ce qui se traduit par des fumées bleues à l'échappement.

Forme.

Voir figures.

Matière.

Fonte ou acier allié.
Les segments racleurs peuvent être composés de plusieurs pièces. Voir disposition sur la figure.

Contrôle

Visuel.

- Forme de la section du segment.

Métrique.

- Jeu dans la gorge. Le segment doit se déplacer dans la gorge du piston sans jeu.
- À défaut jeu maximal de 0,02 mm.
- Jeu à la coupe égal à 3/1000 du diamètre du cylindre en mm.

Attention.

- **Contrôler les segments neufs.**

Liens utiles : http://www.mahle.com/am_eu_f/am_eu_f.nsf

Le vilebrequin

Rôle.

Transforme avec l'aide de la bielle le mouvement rectiligne et alternatif du piston en un mouvement rotatif continu.

Matière.

Acier forgé 35MV7VA2, fonte nitrurée, fonte GS,
Les soies des manetons et des tourillons sont rectifiées.

Formes.

Numérotation des cylindres, ordres d'allumage,
Voir figures.

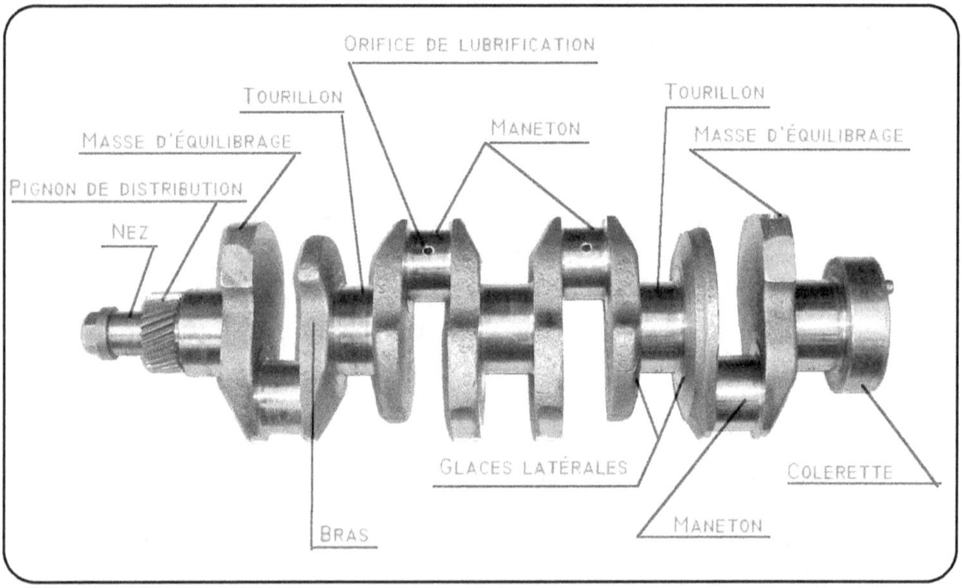

Équilibrage.

Le vilebrequin est une pièce lourde et de formes complexes, qui tourne à une vitesse élevée égale à la vitesse de rotation du moteur. Elle subit les lois des masses en mouvement circulaire.
Pour éviter des vibrations néfastes à la longévité du moteur le vilebrequin doit être soigneusement équilibré en dynamique et en statique.

Statique.

- Il doit rester en équilibre indifférent sur son axe de rotation.

Dynamique.

- Pour qu'aucun couple de force n'écarte le vilebrequin de son axe de rotation, effet gyroscopique, les masses doivent être réparties judicieusement et équilibrées.

Pour un quatre cylindres en ligne.

- Deux ordres d'allumage possible, 1-3-4-2 ; 1-2-4-3.
- Du fait de la construction l'ordre d'allumage 1-2-3-4 et 1-4-3-2 est impossible.

Contrôle.

Visuel.

Vérifier :

- L'état de surface des soies des tourillons, des manetons et glaces latérales.
- Les canaux de graissage.
- Les taraudages.
- L'état de la bague ou du roulement guide de l'arbre primaire de boîte de vitesses.
- L'état de la turbine de rejet d'huile ou de la portée du joint à lèvres.
- De la rainure de clavette du pignon de distribution.

Métrique.

Contrôler :

- Le diamètre des tourillons et des manetons.
- La conicité et l'ovalisation des tourillons et des manetons.
- Instrument de mesure, pied à coulisse ensuite micromètre (palmer)
- Tolérance : 0,02 mm
- La flèche du vilebrequin.
- Tolérances : 0,05 mm pour 0,02 mm d'ovalisation.
- Instrument de mesure : marbre, vé, comparateur et support.
- Le voile de la collerette, vilebrequin monté sur le bloc moteur.

Attention.

- **Avant de rectifier un vilebrequin il est conseillé de le radiographier. Cette opération permet de détecter des microfissures.**

Le vilebrequin

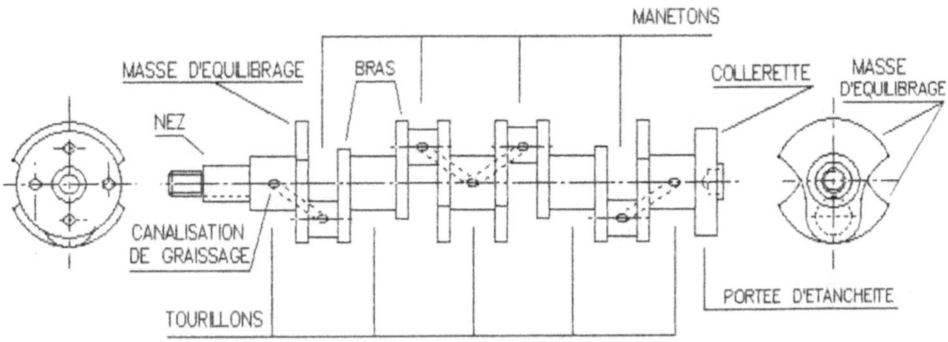

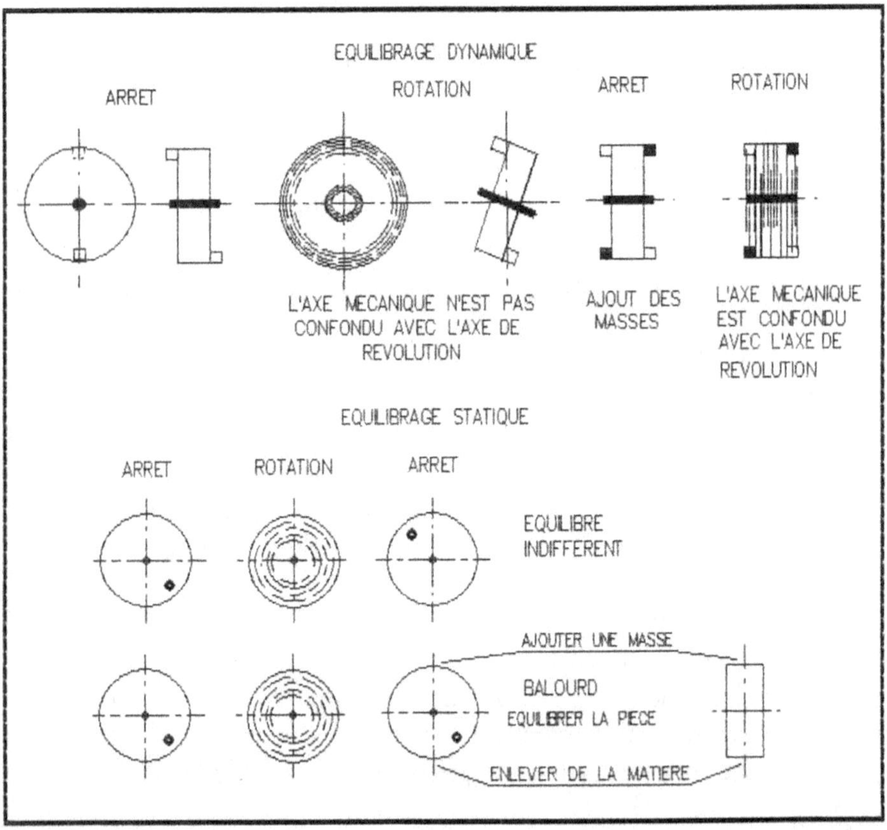

Le vilebrequin

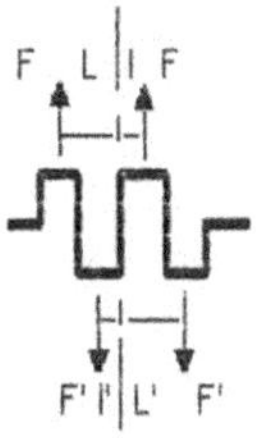

F = F' F de sens contraire de F'
L = L'
l = l'

$$(F \times L) - (-F' \times L') = (F \times L) + (F' \times L') = 2\,F\,L$$

LE VILEBREQUIN N'EST PAS EQUILIBRE

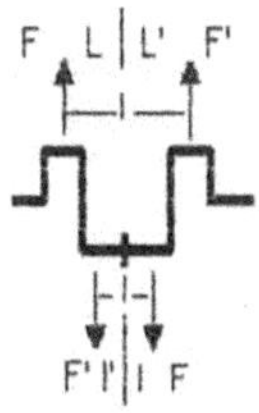

F même sens que F'

$$(F \times L) - (F' \times L') = 0$$

LE VILEBREQUIN EST EQUILIBRE

		EXPLOSION DU CYLINDRE	ORDRE D'ALLUMAGE
1er 1/2 tour	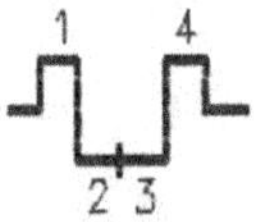	1	1
2eme 1/2 tour	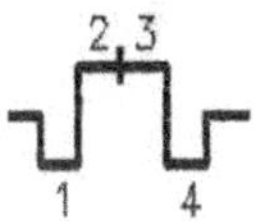	2 ou 3	1 < 2 1 < 3
3eme 1/2 tour	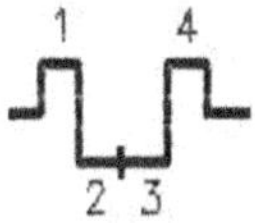	4	1 < 2 — 4 1 < 3 — 4
4eme 1/2 tour	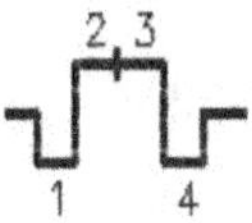	3 si 2 déjà explosé 2 si 3 déjà explosé	1 < 2 — 4 — 3 1 < 3 — 4 — 2

ORDRES D'ALLUMAGE POSSIBLES **1 3 4 2**
1 2 4 3

Le vilebrequin

1 cylindre

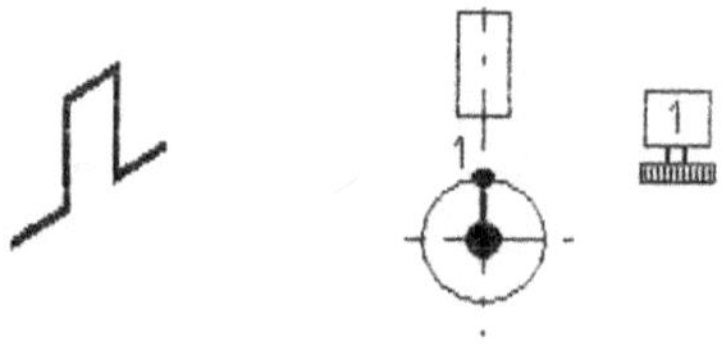

1 temps moteur tous les 720°/1 = 720°

2 cylindres

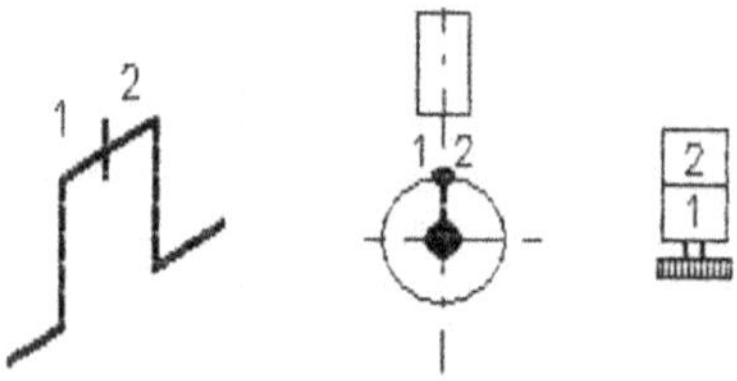

1 temps moteur tous les 720°/2 = 360°

manetons a 360°

3 cylindres

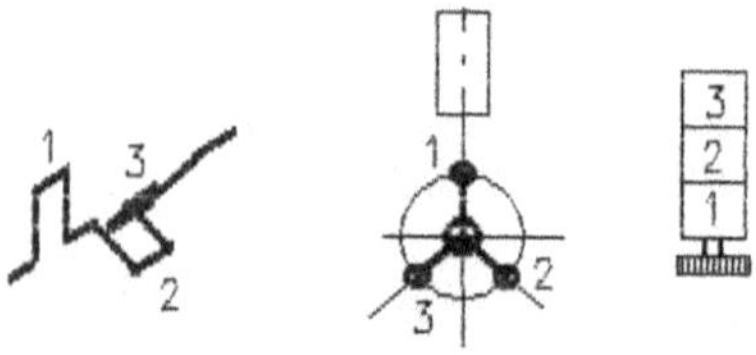

1 temps moteur tous les 720°/3 = 240°

manetons a 120°

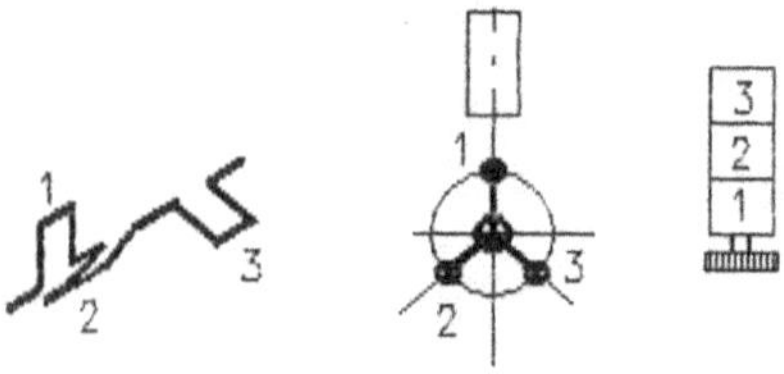

Ordre d'allumage 1–2–3 ou 1–3–2

4 cylindres

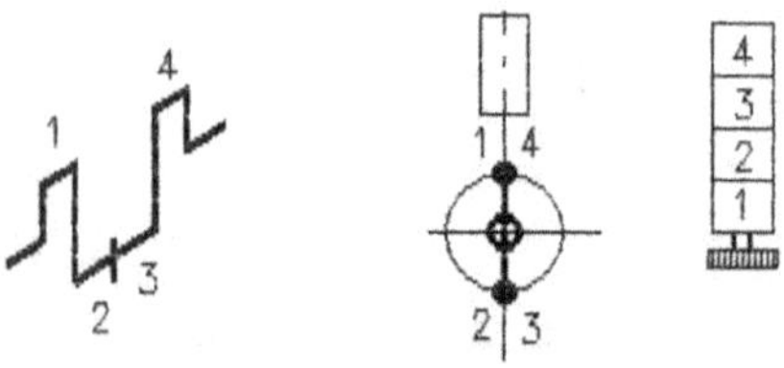

1 temps moteur tous les 720°/4 = 180°

manetons a 180°

Ordre d'allumage = 1–3–4–2 ou 1–2–4–3

Le vilebrequin

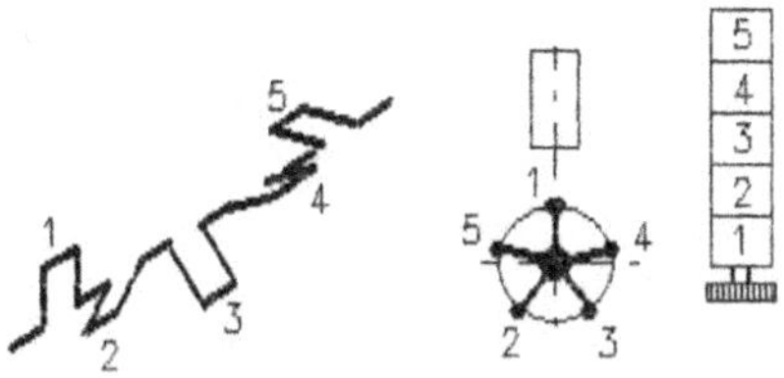

1 temps moteurs tous les 720°/5 = 144°
manetons à 72°

Ordre d'allumage = 1–2–4–5–3

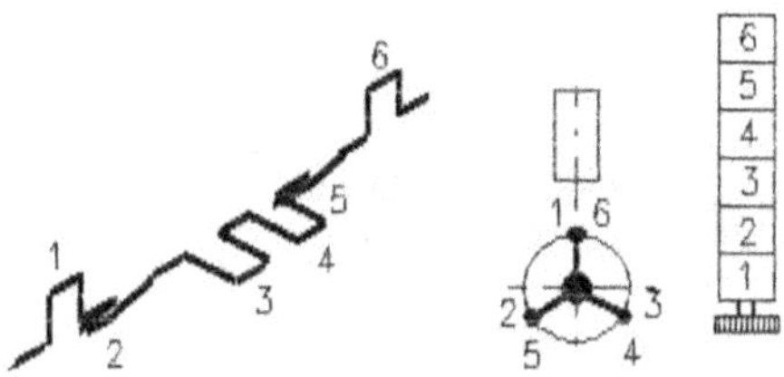

1 temps moteur tous les 720°/6 = 120°
manetons à 120°

Ordre d'allumage = 1–5–3–6–2–4

ou NISSAN SD3 = 1–4–2–6–3–5

V6 à 90°, manetons à 120°

Ordre d'allumage = 1–6–3–5–2–4

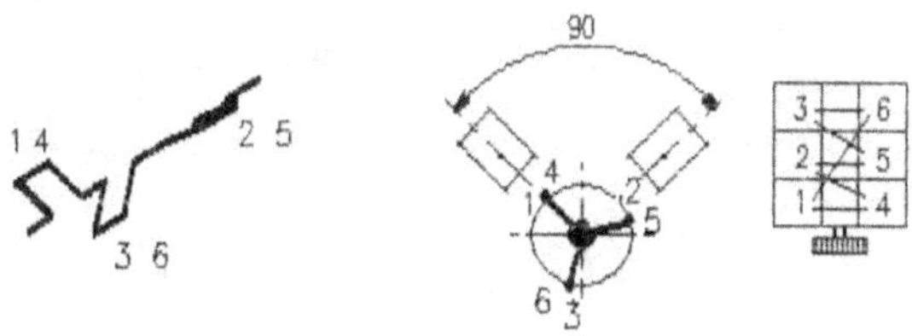

1 —— 6 —— 3 —— 5 —— 2 —— 4 ——
150 90 150 90 150 90

Les arbres à cames Gauche et Droite sont différents

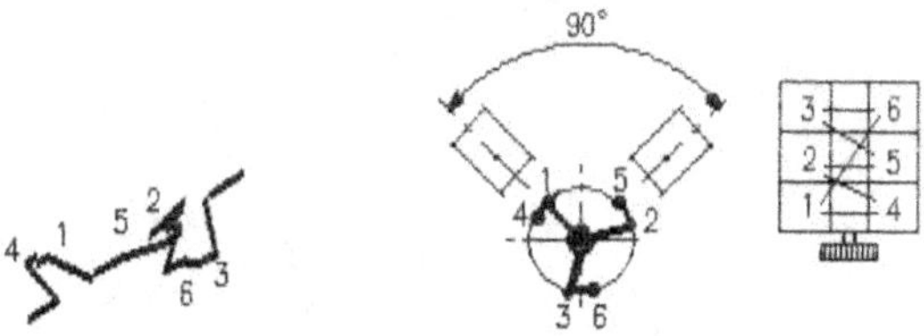

V6 a 90°, manetons a 120°
DECALES DE 30°

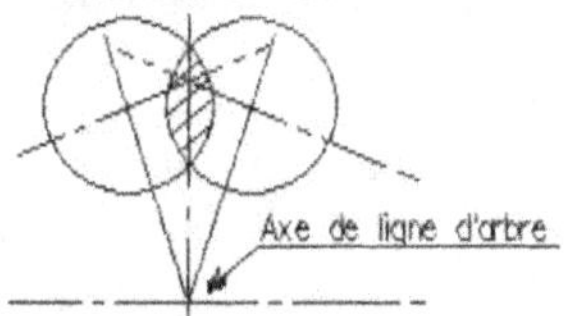

CARTERPILLAR utilise depuis longtemps les manetons décalés sur ses V8 à 65°

Allumage tous les 720°/6 = 120°
Les arbres à cames Gauche et Droite sont identiques

Ordre d'allumage : 1–6–3–5–2–4

Le vilebrequin

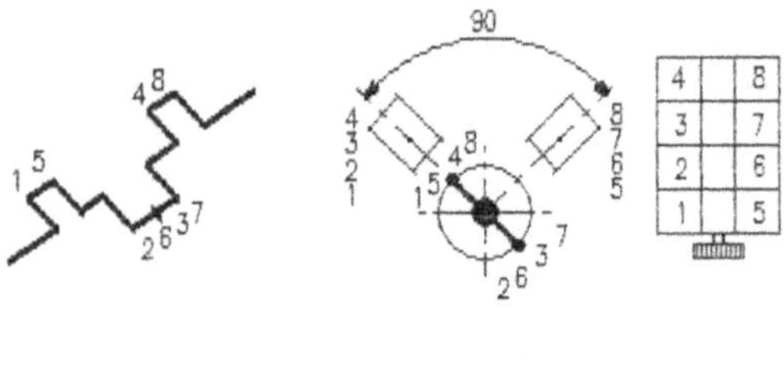

1 temps moteur tous les 720°/8 = 90°

manetons a 90°

Ordres d'allumage possibles pour

rotation à GAUCHE

1 6 2 5 4 7 3 8
1 6 2 8 4 7 3 5
1 6 3 5 4 7 2 8
1 6 3 8 4 7 2 5
1 7 2 5 4 6 3 8
1 7 2 8 4 6 3 5
1 7 3 5 4 6 2 8
1 7 3 8 4 6 2 5

pour rotation à DROITE
LIRE DE DROITE A GAUCHE

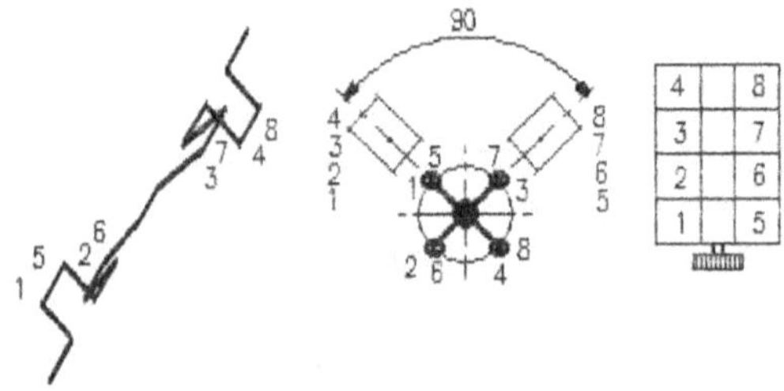

1 temps moteur tous les 720°/8 = 90°

manetons à 90°

ordres d'allumage possibles pour rotation a GAUCHE

1 3 4 5 7 8 6 2
1 3 4 2 7 8 6 5
1 3 6 5 7 8 4 2
1 3 6 2 7 8 4 5 BERLIET
1 8 4 5 7 3 6 2 DEUTZ
1 8 4 2 7 3 6 5 MAN
1 8 4 2 7 3 4 2
1 8 6 2 7 3 4 5

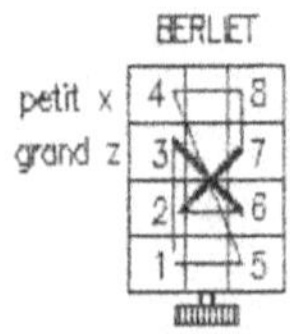

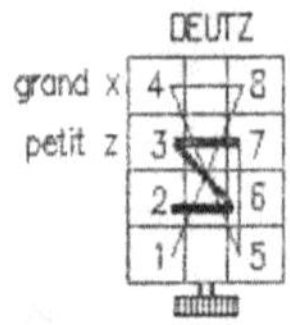

pour rotation DROITE
lire de Droite à Gauche

Il peut éxister des ordres d'allumage différents suite à une forme particulière du vilebrequin et à une numérotation des cylindres propre à certains constructeurs

ex. SCANIA : 1 5 4 2 6 3 7 8
TATRA : 1 6 3 5 4 7 2 8
ASTON MARTIN : 1 5 4 2 6 3 7 8
ROLLS ROYCE : 1L 1R 4L 4R 2R 3L 3R 2L
FERRARI : 1 5 3 7 4 8 2 6

Le vilebrequin

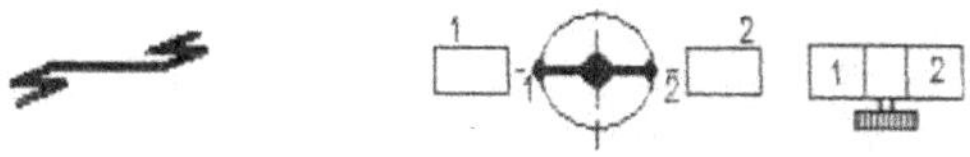

1 temps moteur tous les 720°/2 = 360°

manetons à 180°

ordre d'allumage : 1 – 2

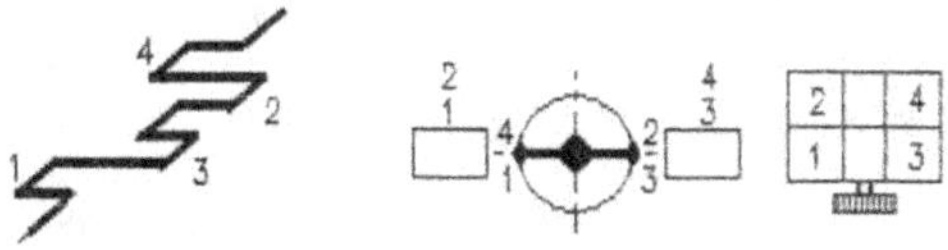

1 temps moteur tous les 720°/4 = 180°

manetons à 180°

ordres d'allumage possibles

1 4 3 2
1 4 2 3

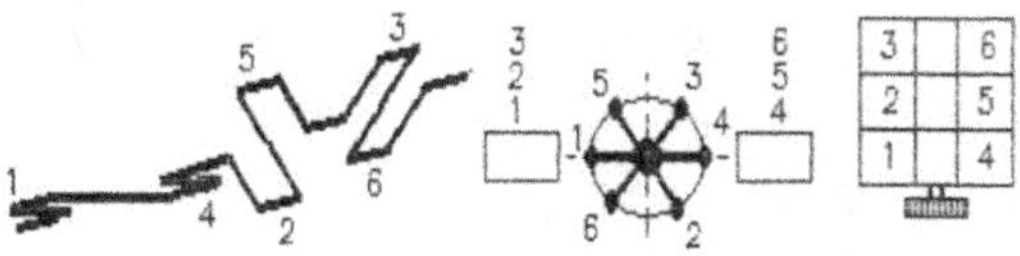

1 temps moteur tous les 720°/6 = 120°

manetons à 60°

ordre d'allumage : 1 5 3 4 2 6
1 6 2 4 3 5

AVERTISSEMENT

l'ordre d'allumage est dépendant de la numérotation des cylindres, de la forme du vilebrequin ainsi que de son sens de rotation.

La numérotation des cylindres est propre à chaque constructeur

Certains des ordres d'allumage cités ont été modifiés pour tenir compte de la numérotation employée.

Le vilebrequin

Numérotation des cylindres et ordre d'allumage des principaux constructeurs

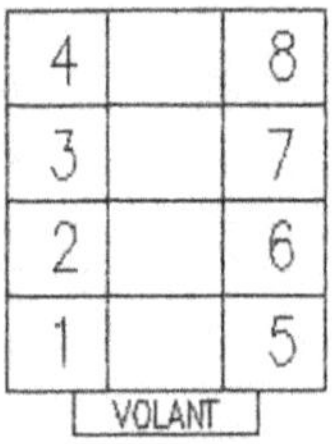

BAUDOIN V8 = 1 8 4 3 6 2 7 5
V6 60° = 1 6 2 4 3 5
BERLIET V8 TR 300 = 1 3 6 2 7 8 4 5
V 800 = 1 3 6 2 7 8 4 5
DEUTZ V8 = 1 8 4 5 7 3 6 2
V6 = 1 6 3 5 2 4
V10 = 1 10 5 7 2 8 3 9 4 6
V12 = 1 8 5 10 3 7 6 11 2 9 4 12
MAN 2658 M4 V8 = 1 8 4 2 7 3 6 5
TATRA V8 a 75° = 1 6 3 5 4 7 2 8

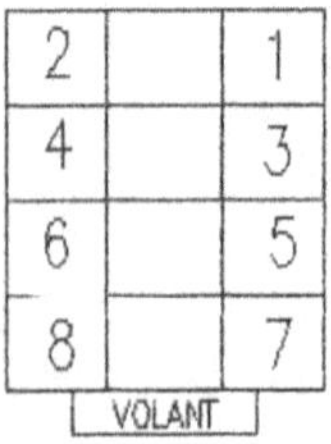

CARTERPILLAR
3145
3150
3160 = 1 2 7 3 4 5 6 8

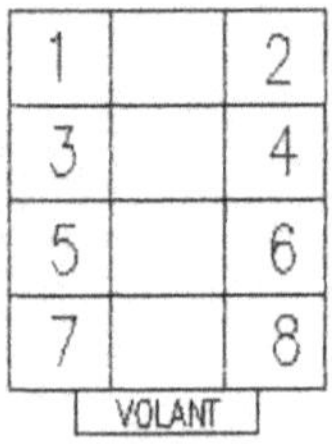

PERKINS
V 8 510 – TV 8 510
1 8 7 5 4 3 6 2

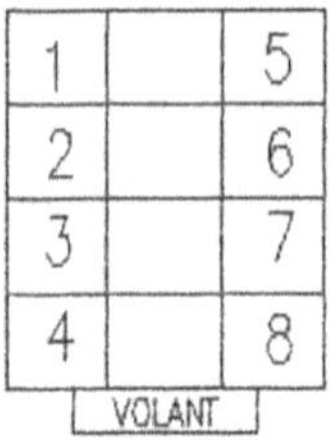

GENERAL MOTOR (moteur 2 temps DIESEL)

Rotation	GAUCHE	DROITE
V6	1 4 2 5 3 6	1 6 3 5 2 4
V8	1 5 2 6 4 8 3 7	1 7 3 8 4 6 2 5

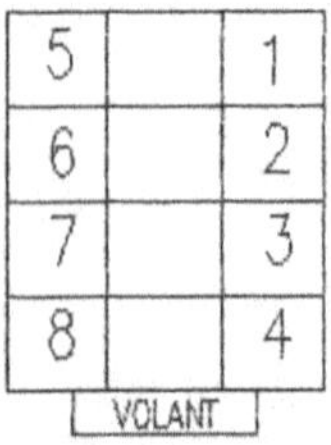

MERCEDES-BENZ
OM 401 V6 = 1 4 2 5 3 6
OM 403 V10 = 1 6 5 10 2 7 3 8 4 9

SCANIA DS 14 V8 = 1 5 4 2 6 3 7 8

UNIC M 62 S – V85 S = 1 5 4 8 6 3 7 2

Pour les moteurs essence, la confusion est identique

Les vilebrequins

Moteurs divers

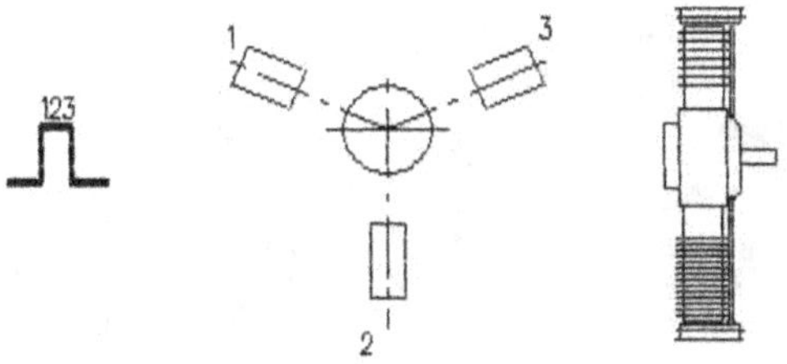

Moteur en étoile (aviation, engins militaires)

3, 5, 7 cylindres par rangée
les bielles d'une même rangée
sur le même maneton de vilebrequin
un moteur peut avoir plusieurs rangées

1 temps moteur tous les :
720°/3 = 240° pour 3 cyl.
720°/5 = 144° pour 5 cyl.
720°/7 = 102° 51 mn pour 7 cyl.

Ordres d'allumage pour :
3 cyl. 1 3 2
5 cyl. 1 3 5 2 4
7 cyl. 1 3 5 7 2 4 6

Moteur 2 temps diesel

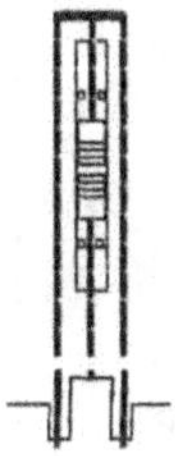

C.L.M.
Licence Junkers
a cylindres opposes

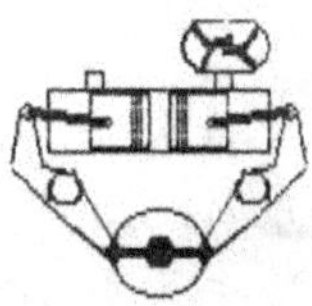

COMMER ROOTES TS3
Cylindres opposés et
compresseur volumétrique
renvoi par basculeur

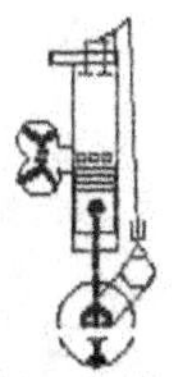

GENERAL MOTORS
4 soupapes ECH par cylindre
admission par lumières et
compresseur volumétrique
injecteur pompe
Date de création 1935

Le vilebrequin

Contrôle.

Visuel.

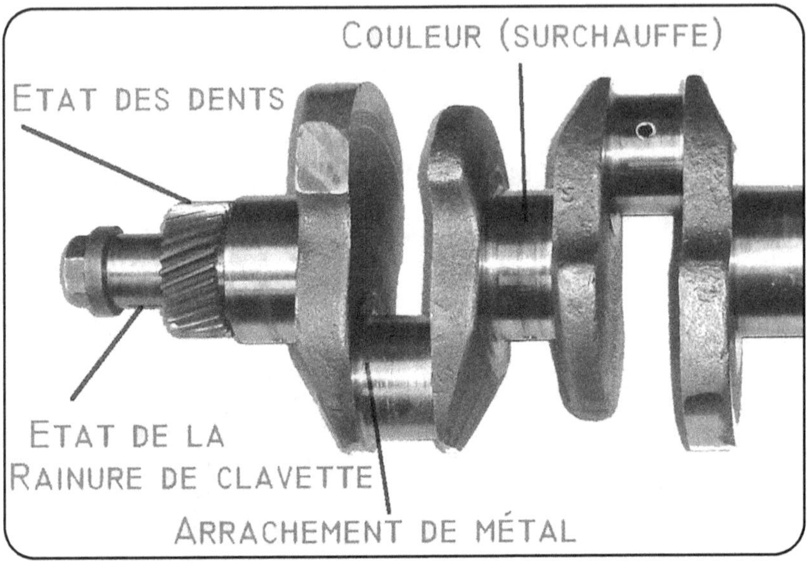

Le vilebrequin - Contrôle

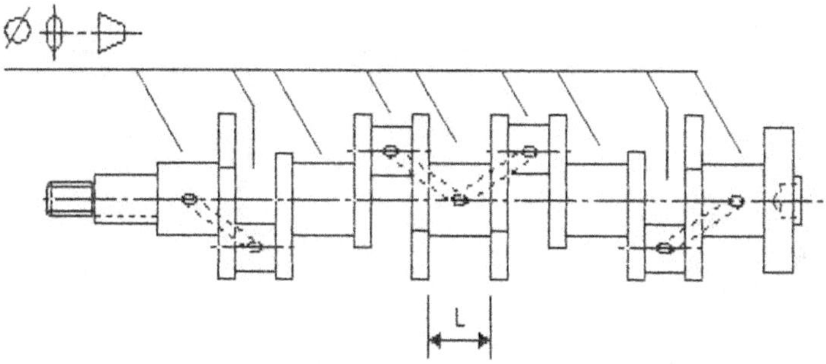

Utiliser le pied à coulisse comme un calibre à machoires le temps gagné est apréciable.
Utiliser ensuite un palmer pour les cas douteux.
L = distance entre les glaces latérales.

CONTROLE DE LA FLECHE

Etalonner le comparateur à 0

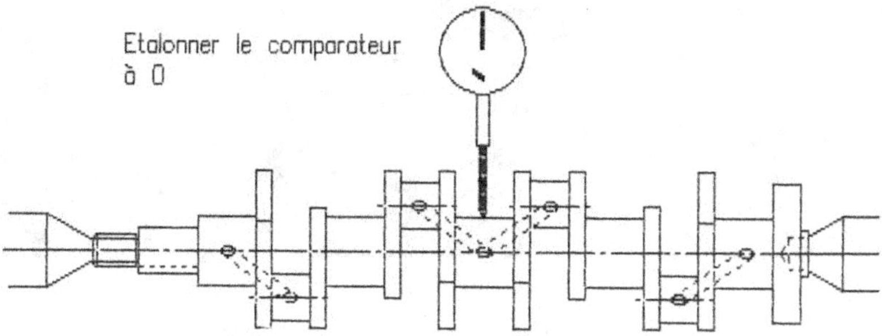

1/2 tour de vilebrequin.
Sur un tour, le mandrin bloquer en rotation.

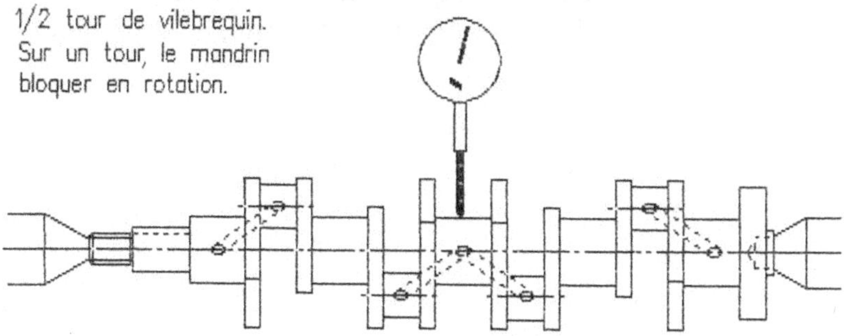

FLECHE ⩽ 0,05 pour une ovalisation maximale de 0,02

Rectifieuse de vilebrequin

Centrage du vilebrequin sur la rectifieuse.
(vilebrequin de moteur Matis)

La couronne de démarreur

Rôle.

Entraîner les éléments mobiles du moteur pour le lancer.
Multiplier le couple du démarreur et diviser la vitesse de rotation du moteur.
$P = C \cdot \omega$
P = Puissance en Watt, W
C = Couple en Newton, N
ω = Vitesse angulaire de rotation en radian/s
Si la vitesse est divisée par 10, le couple est multiplié par 10.
Voir boîte de vitesses.

Forme.

À denture droite avec ou sans entrées de dents.

Matière.

Acier allié.

Montage.

Généralement par frettage sur le volant moteur.
Voir réparation d'un moteur thermique.

Contrôle.

Visuel.

- État des dents et des entrées de dent.
- Couronne neuve.
- Mettre en superposition avec la couronne usagée.

Métrique.

- Le diamètre intérieur de la couronne neuve doit être inférieur au diamètre du volant.

Réparation.

À défaut de couronne neuve, il est possible de retourner la couronne usagée.
Voir réparation d'un moteur thermique.

Le volant moteur

Rôle.

Régule le mouvement circulaire non uniforme du vilebrequin.
Fait office de plateau d'embrayage.
Porte la couronne de démarreur.

Forme.

Voir figures.

Contrôle

Visuel.

- Vérifier l'état de la piste de friction.
- Des taraudages.
- Des alésages,
- Des dents de la couronne de démarreur.
- Des pions de centrage.

Métrique.

- Contrôler la cote D.
- Voir figures.
- La cote D est plus grande que la cote d'origine.
- Embrayage à ressorts.
- L'embrayage patinera.
- Embrayage à diaphragme.
- L'embrayage ne débrayera pas.
- La cote D est plus petite que la cote d'origine.
- Embrayage à ressorts.
- L'embrayage ne débrayera pas.
- Embrayage à diaphragme.
- L'embrayage patinera.

Contrôle du volant moteur

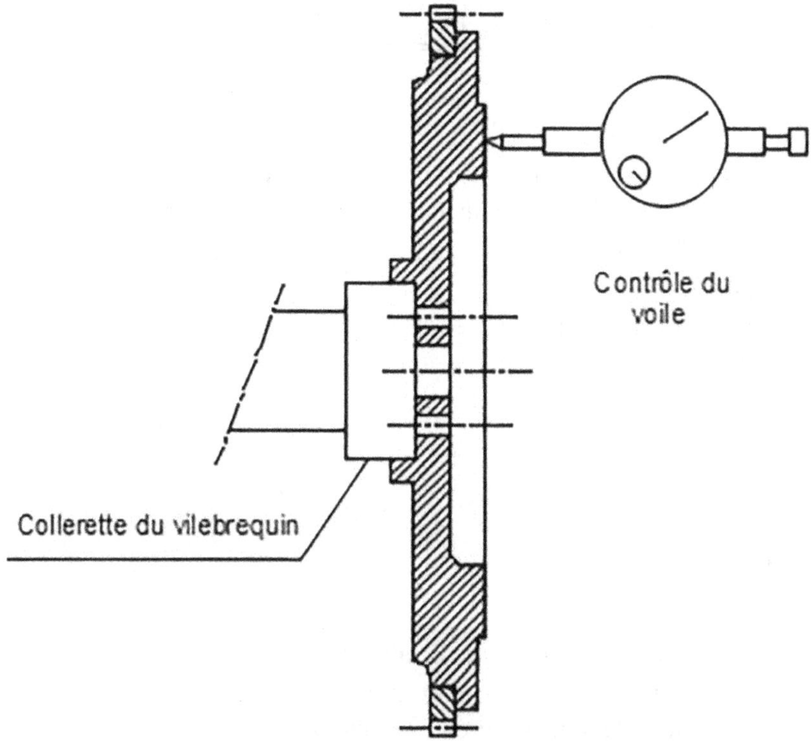

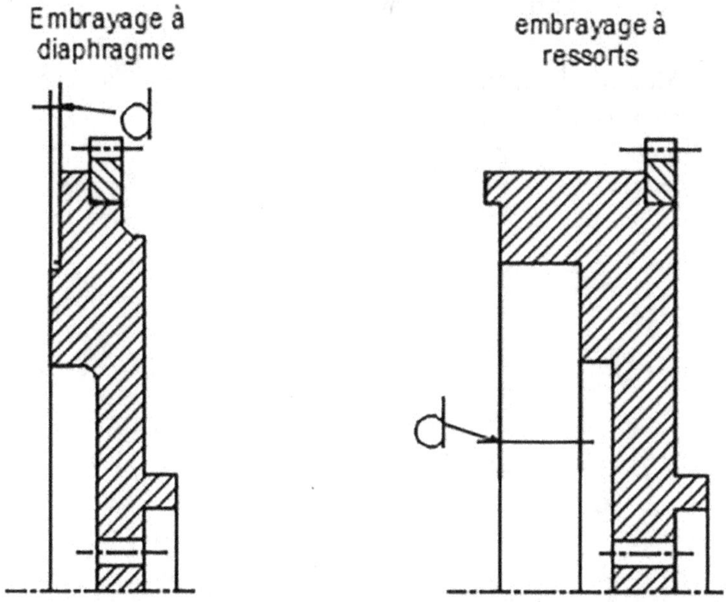

Côte *d* à respecter lors de la rectification du volant moteur

Le damper, la poulie moteur

Rôle.

Damper. Absorbe et annule les vibrations du vilebrequin.
Poulie moteur. Entraîne une courroie en vé ou en polyvé qui entraîne les accessoires, l'alternateur, la pompe à eau, le compresseur de climatiseur, le ventilateur.
Sur les moteurs industriels la courroie entraîne l'alternateur et le compresseur de climatiseur.

Forme.

Voir figure.

Contrôle.

Visuel.

- Les fêlures au niveau de la rainure de clavette.
- Les rayures sur la portée du joint à lèvres.
- L'état de l'amortisseur en caoutchouc.
- Vérifier si la couronne en fonte qui fait parfois office de poulie est bien centrée sur le moyeu.

Métrique.

- Mesurer le diamètre de la portée du joint à lèvres pour commander ce joint.

Le damper

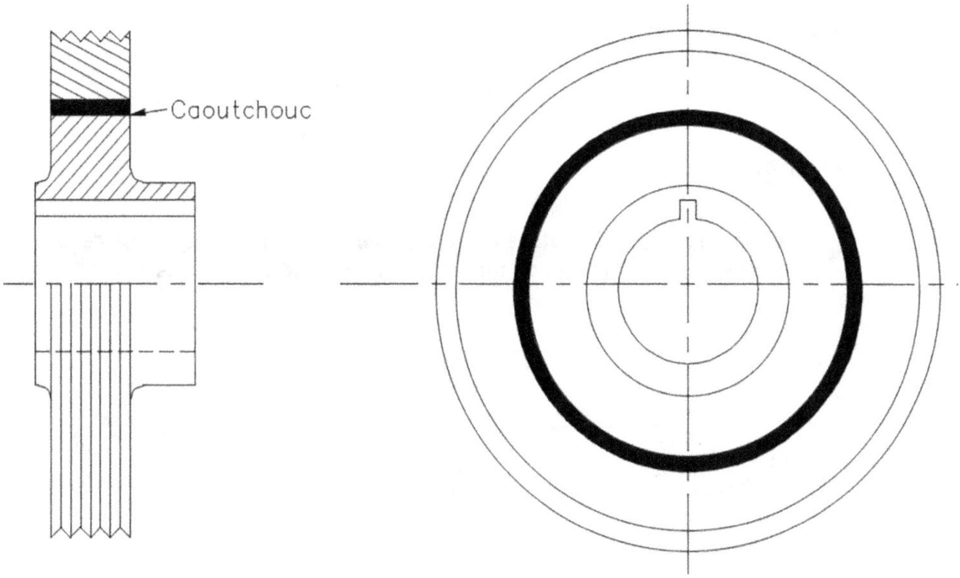

Volant moteur bi masses

Rôle

Absorber les vibrations du moteur notamment les hautes fréquences du vilebrequin.
Assurer une action progressive lors de l'embrayage pendant le passage des vitesses.

Attention.

- **Ne pas remplacer le volant bi masses par un volant moteur fixe ce qui amènerait la destruction du moteur notamment le bris du vilebrequin.**

autos / motos

www.decoopman.com

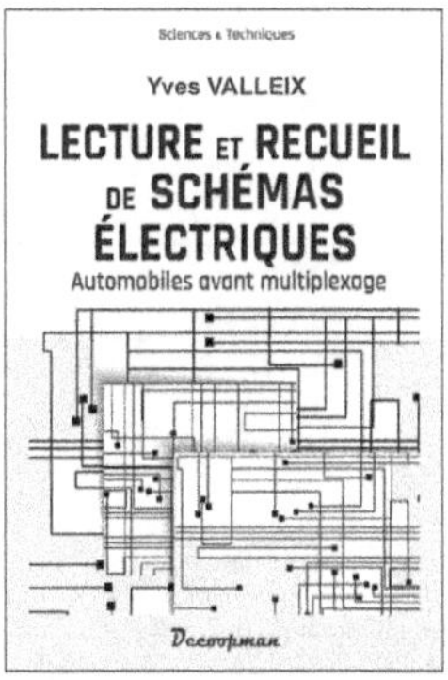

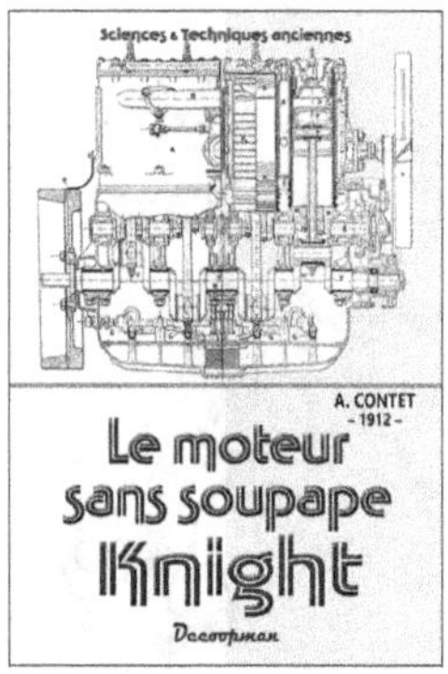

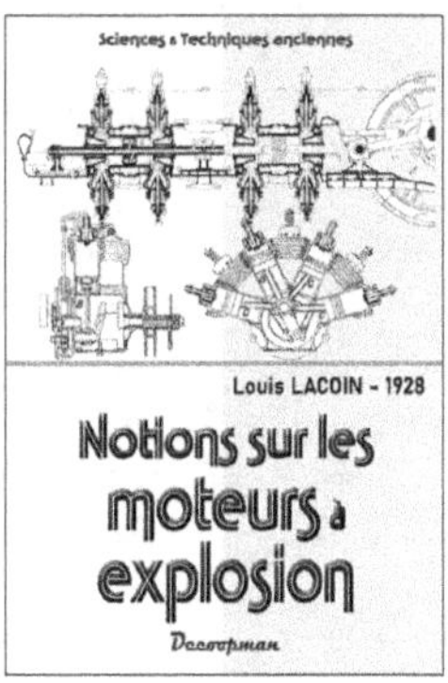

Éditions Decoopman - Ferrières - 30440 Saint-Laurent-le-Minier
Tel : +33 (0) 4.67.73.90.95 - web : www.decoopman.com - e.mail : livres@decoopman.com

autos / motos

www.decoopman.com

Éditions Decoopman - Ferrières - 30440 Saint-Laurent-le-Minier
Tel: +33 (0) 4.67.73.90.95 - web: www.decoopman.com - e.mail: livres@decoopman.com

www.ingramcontent.com/pod-product-compliance
Lightning Source LLC
LaVergne TN
LVHW010054061026
849532LV00004BC/1528